I0067547

Extrait du Catalogue de Rousselon, libraire, rue d'Anjou-Dauphine, n° 9.

Paris et ses environs, Dictionnaire historique, anecdotique, descriptif, etc., par M. de Saint-Edme; publié par une société. Prix : 1 fr., pour Paris, 1 fr. 10 c. pour les départemens, et 1 fr. 20 c. pour l'étranger.

Dictionnaire de la pénalité dans toutes les parties du monde connu; Tableau historique, chronologique, etc.; par M. de Saint-Edme, orné de 72 gravures, et dédié au jeune barreau français, dans la personne de M. Merilhou, avocat. Prix de la livraison : 2 fr. 50 c. pour Paris; 3 fr. pour les départemens, et 3 fr. 50 c. pour l'étranger.

Guide du mécanicien, ou Principes fondamentaux de mécanique; par M. Suzanne, 2 vol. in-8°, dont un de planches gravées. Prix : 20 fr. et 22 fr. 50 c. par la poste.

Manuel complet du jardinier, maraîcher, pépiniériste, botaniste, etc.; par M. L. Noisette, 4 vol. in-8°, formant 8 demi-volumes, ornés du portrait gravé de l'auteur et de 26 planches également gravées. Prix, broché : 40 fr. et 48 fr. franc de port.

Traité des chiens de chasse, contenant l'histoire de l'espèce, les soins à prendre pour faire des élèves, etc., dédié à M. le marquis de Lauriston, grand-veneur, 1 vol. in-8° br., papier fin, fig. noires, 6 fr., en bistre, 7 fr. 50 c.; fig. col., 12 fr.; pap. vél., fig. col., 15 fr.; port, par la poste, 1 fr.

Traité des prairies naturelles et artificielles, renfermant la culture, la description et l'histoire de tous les végétaux propres à fournir des fourrages, avec la figure dessinée et coloriée, d'après nature, de toutes les espèces appartenant à la classe des graminées; par Boitard, 1 vol. in-8°, orné de 48 planch. col., pap. fin, fig. noir, 12 fr.; fig. col., 20 fr.

SOUS PRESSE :

Traité de comptabilité commerciale, régulière et frauduleuse; suivi d'un commentaire sur le Code de commerce; par Jeannin : 1 très-fort vol. in-8°.

Archives progressives des Arts et Métiers, comprenant les Arts du Serrurier, du Tourneur, etc., etc.; par A. Teyssèdre.

Les suivans vont être mis en vente :

ART DU SERRURIER.
— DU MENUISIER.
— DU TOURNEUR.
— DE L'HORLOGER.
— DE BATIR, etc.

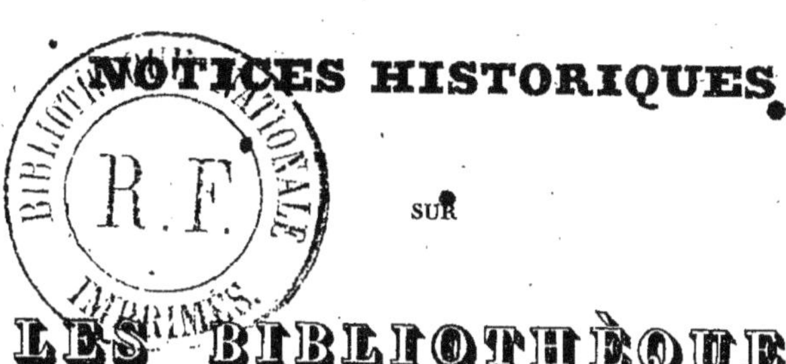

NOTICES HISTORIQUES

SUR

LES BIBLIOTHÈQUES.

ÉVERAT, IMPRIMEUR, RUE DU CADRAN, N° 16.

NOTICES HISTORIQUES

SUR LES

BIBLIOTHÈQUES

ANCIENNES ET MODERNES,

SUIVIES

D'UN TABLEAU COMPARATIF DES PRODUITS DE LA PRESSE
DE 1812 A 1825,

ET D'UN RECUEIL DE LOIS ET ORDONNANCES
CONCERNANT LES BIBLIOTHÈQUES,

Par J. L. A. Bailly,
Sous-Bibliothécaire de la Ville.

Paris,
ROUSSELON, LIBRAIRE,
rue d'Anjou-Dauphine, No 9, et quai des Augustins, No 37.

1828.

Les hommes rassemblés en société ont commencé à communiquer leurs pensées par le secours de la parole, don céleste qu'eux seuls reçoivent du créateur. L'histoire de leurs sociétés et de leurs familles passait alors à la postérité par le moyen des traditions orales; mais cette ressource fut bientôt remplacée par des signes représentatifs des idées. L'écriture fixa d'abord sur des matières appropriées et durables les faits remarquables dont les nations avaient à se glorifier, et les lois auxquelles chaque individu devait se soumettre.

Malgré l'active exécution des moines, qui, à l'exception du temps consacré à leurs devoirs religieux, faisaient leur seule occupation de reproduire les manuscrits, et malgré le grand nombre de copistes qui faisaient leur unique métier de les multiplier, l'écriture était un moyen insuffisant de satisfaire et la curiosité des hommes et le besoin d'instruction que quelques-uns d'entre eux ressentaient vivement.

Heureusement que le désir d'affranchir de l'oubli et de communiquer à tous des pensées utiles ou intéressantes, occupait l'esprit des hommes chez qui une vague inquiétude laissait apercevoir des moyens plus prompts, plus parfaits. De leurs efforts naquit l'imprimerie, art prodigieux qui fit faire à la civilisation des progrès immenses, et dont la puissance lui suscita un nombre d'ennemis égal à celui de ses appréciateurs.

La rareté des premiers écrits donna l'idée de les réunir dans des lieux de dépôt où les savans pussent venir les consulter et y puiser les matériaux nécessaires à la composition de nouveaux ouvrages. Ces collections devinrent progressivement des bibliothèques où se rassemblèrent ensuite les premiers essais de la typographie, et successivement ses productions les plus remarquables, au fur et à mesure que la marche du temps apportait à son exécution les perfectionnemens dont nous sommes témoins aujourd'hui.

Loin de nous l'intention d'avoir voulu écrire l'histoire complète des bibliothèques, travail immense pour lequel la vie d'un homme serait insuffisante; le titre et l'étendue de notre ouvrage prouvent suffisamment que nous n'avons voulu donner que de simples NOTICES, c'est-à-dire une espèce de catalogue raisonné des principales collections de livres qui ont existé chez les nations anciennes, et que les modernes possèdent maintenant. Notre livre ne peut plaire qu'aux hommes entièrement adonnés aux lettres, pour qui tout est intérêt dans l'histoire littéraire, et qui liront avec plaisir, au moins nous l'espérons, les résultats de nos recherches sur ces archives séculaires où sont rangées les productions des génies de tous les temps, à côté des recueils des folies humaines qui prenaient naissance aux mêmes époques.

Avant de terminer, et toutefois sans entrer dans aucun détail sur la forme des livres anciens, dont les uns étaient carrés, les autres oblongs; ceux-ci en rouleaux ou volumes, et ceux-là de la forme que la nature avait donnée aux feuilles ou aux peaux d'animaux qui les composaient, nous dirons seulement qu'on les divise en :

Livres de papier, écrits sur papier de toile ou de coton, ou sur le papyrus des Egyptiens;

Livres en parchemin qui sont écrits sur des peaux d'animaux, et principalement de mouton;

Livres en toile tendue sur des blocs ou sur des tables, tels que les livres des Sibylles.

Livres en cuir; *livres* en bois ou tablettes; *livres* en ivoire.

Nous avons cru cette courte explication nécessaire pour bien rappeler à nos lecteurs, que lorsque nous leur parlerons des *volumes* qui composaient telle ou telle bibliothèque ancienne, ils doivent le plus souvent, par *volume*, comprendre les matières diverses que nous venons d'indiquer.

NOTICES HISTORIQUES

SUR

LES BIBLIOTHÈQUES

ANCIENNES ET MODERNES.

CHAPITRE PREMIER.

Coup-d'œil rapide sur les Bibliothèques anciennes, depuis Moïse jusqu'à Charlemagne.

§ Ier. LIVRES SACRÉS. — Bibliothèques des anciens Juifs.

Les auteurs ecclésiastiques ont donné particulièrement le nom de Bibliothèque au recueil des livres inspirés, que nous appelons encore aujourd'hui *la Bible*, c'est-à-dire le livre par excellence. En effet, selon le sentiment des critiques les plus judicieux, il n'y avait point de livres avant le temps de Moïse, et les Hébreux ne purent avoir de bibliothèque qu'après sa mort : ses écrits furent alors recueillis et conservés par les Juifs, avec tout le soin et toute la vénération que devaient leur inspirer les ouvrages de leur législateur et du prophète de Dieu. Par la suite on y ajouta plusieurs autres ouvrages.

On peut donc distinguer les livres des Hébreux en livres sacrés et livres profanes : le seul objet des premiers était la religion ; les derniers traitaient de la philosophie naturelle et des connaissances civiles ou politiques.

Les livres sacrés étaient conservés ou dans des endroits publics, ou dans des lieux particuliers ; par endroits publics, il faut entendre toutes les synagogues, et principalement le temple de Jérusalem où l'on gardait avec un respect infini les tables de pierre sur lesquelles Dieu avait écrit ses dix commandemens, et qu'il ordonna à Moïse de déposer dans l'arche d'alliance.

Outre les tables de la loi, les livres de Moïse et ceux des prophètes furent conservés dans la partie la plus secrète du sanctuaire, où il n'était permis à personne de les lire ni d'y toucher ; le grand prêtre seul avait droit d'entrer dans ce lieu sacré, et cela seulement une fois par an. Aussi ces livres sacrés restèrent-ils à l'abri de la corruption et des commentaires ; et aussi furent-ils dans la suite la pierre de touche de tous les autres, comme Moïse l'avait prédit au 32e chapitre du Deutéronome, où il ordonne aux lévites de placer ces livres au-dedans de l'arche.

Quelques auteurs croient que Moïse étant près de mourir, ordonna qu'on fît douze copies de la loi, qu'il distribua aux douze tribus ; mais Maimonide assure qu'il en fit faire treize copies, c'est-à-dire douze pour les douze tribus, et une pour les lévites, et qu'il leur dit à tous, en le leur donnant : *Recevez le livre de la loi que Dieu lui-même nous a donnée.* Les interprètes ne sont pas d'accord si ce volume sacré fut déposé dans l'arche avec les tables de pierre.

Quoi qu'il en soit, Josué écrivit aussi un livre qu'il ajouta ensuite à ceux de Moïse[1]; et tous les prophètes firent à cet exemple des copies de leurs discours et de leurs exhortations, comme on peut le voir au chapitre XV de Jérémie, et dans plusieurs autres endroits de l'Écriture sainte. Ces discours et ces exhortations furent conservés dans le temple pour l'instruction de la postérité.

Tous ces ouvrages composaient une bibliothèque plus précieuse par les préceptes sacrés contenus dans ces livres dictés de la bouche d'un dieu même, que par le nombre des volumes qu'elle renfermait.

Voilà tout ce qu'on sait de la bibliothèque sacrée qu'on gardait dans le temple; mais il faut remarquer qu'après le retour des Juifs de la captivité de Babylone, Néhémie rassembla en forme de bibliothèque les livres de Moïse et ceux des rois et des prophètes. Il fut aidé dans cette entreprise par Esdras qui, au sentiment de quelques-uns, rétablit le Pentateuque et toutes les anciennes écritures saintes qui avaient été dispersées, lorsque les Babyloniens prirent Jérusalem, et brûlèrent le temple avec la bibliothèque qui y était renfermée; mais c'est sur quoi les savans ne sont pas d'accord. L'obscurité répandue sur tous ces siècles

[1] Josué, XIV.

reculés rend en effet ce point très-difficile à décider.

Quelques auteurs prétendent que cette bibliothèque, dont la plus grande partie avait été brûlée par Antiochus, fut de nouveau rétablie par Judas Machabée[1]. Quand même on conviendrait qu'elle eût subsisté jusqu'à la destruction du second temple, on ne saurait cependant déterminer le lieu où elle était déposée; mais il est probable qu'elle eut le même sort que la ville. Car, quoique Rabbi Benjamin affirme que le tombeau du prophète Ézéchiel avec la bibliothèque du premier et du second temple se voyaient encore de son temps dans un lieu situé sur les bords de l'Euphrate, cependant Manassès de Groningue et plusieurs autres personnes, dont on ne saurait révoquer en doute le témoignage et qui ont fait exprès le voyage de la Mésopotamie, assurent qu'il ne reste aucun vestige de ce que prétend avoir vu Rabbi Benjamin, et que, dans tout le pays, il n'y avait ni tombeau ni bibliothèque hébraïque.

Outre la grande bibliothèque qui était conservée religieusement dans le temple, il y en avait encore une dans chaque synagogue[2]. Les auteurs conviennent presque unanimement que l'académie de Jérusalem était composée de quatre cent cinquante synagogues ou colléges, dont chacune avait sa bibliothèque où

[1] Chap. 7 du premier livre des Machabées.

[2] Actes des Apôtres, XV. Luc, IV, 16, 17.

l'on allait publiquement lire les Écritures saintes.

Après ces bibliothèques publiques, qui étaient dans le temple et dans les synagogues, il y avait encore des bibliothèques sacrées particulières. Chaque Juif en avait une, puisqu'ils étaient tous obligés d'avoir les livres qui regardaient leur religion, et même de transcrire, chacun de sa propre main, une copie de la loi.

On voyait encore des bibliothèques dans les célèbres universités ou écoles des Juifs ; ils avaient aussi quelques villes fameuses par les sciences qu'on y cultivait, entre autres, celle que Josué nomme *la ville des lettres*, et qu'on croit avoir été Cariathsepher, située sur les confins de la tribu de Juda. Dans la suite, celle de Tibériade ne fut pas moins fameuse par son école, et il est probable que ces sortes d'académies n'étaient point dépourvues de bibliothèques.

Depuis l'entière dispersion des Juifs à la ruine de Jérusalem et du temple par Tite, leurs docteurs particuliers ou Rabbins ont écrit prodigieusement, et comme l'on sait, un amas de rêveries et de contes ridicules ; mais dans les pays où ils sont tolérés et où ils ont des synagogues, on ne voit point dans ces lieux d'assemblées d'autres livres que ceux de la loi : le Thalmud et les Paraphrases, non plus que les recueils de traditions rabbiniques, ne forment point de corps de bibliothèque.

§ II. — Bibliothèques des Chaldéens, Phéniciens et Égyptiens.

Les Chaldéens et les Égyptiens, étant les plus proches voisins de la Judée, furent probablement les premiers que les Juifs instruisirent dans leurs sciences; à ceux-là, nous joindrons les Phéniciens et les Arabes.

Il est certain que les sciences furent portées à une grande perfection par toutes ces nations, et surtout par les Égyptiens, que quelques auteurs regardent comme la nation la plus savante du monde, tant dans la théologie païenne que dans la physique.

Il est donc probable que leur grand amour pour les lettres avait produit de savans ouvrages et de nombreuses collections de livres.

Les auteurs ne parlent point des bibliothèques de la Chaldée; tout ce qu'on en peut dire, c'est qu'il y avait dans ce pays des savans en plusieurs genres, et surtout dans l'astronomie, comme il paraît par une suite d'observations astronomiques de 1900 ans, que Callisthènes envoya à Aristote après la prise de Babylone par Alexandre.

Eusèbe [1] dit que les Phéniciens étaient très-curieux de collections de livres, mais que les bibliothèques les plus nombreuses et les mieux choisies étaient celles des Égyptiens, qui surpassaient toutes les autres nations par les richesses de leurs bibliothèques aussi bien que par celles de leurs connaissances étendues.

[1] *De præparatione evangelicâ.*

Selon Diodore de Sicile, le premier qui fonda une bibliothèque en Égypte, fut Osymandyas, successeur de Protée, et contemporain de Priam roi de Troie. Pierius[1] dit que ce prince aimait tant l'étude, qu'il fit construire une bibliothèque magnifique, ornée des statues de tous les dieux de l'Égypte, et sur le frontispice de laquelle il fit écrire ces mots : *Le Trésor des remèdes de l'âme;* mais ni Diodore de Sicile ni les autres historiens ne disent rien du nombre de volumes qu'elle contenait. Autant qu'on en peut juger, elle ne pouvait pas être fort nombreuse vu le peu de livres qui existaient alors, et qui tous étaient écrits par les prêtres ; car pour ceux de leurs deux Mercures ou Hermès, qu'on regardait comme des ouvrages divins, on ne les connaît que de nom; et ceux de Manethon sont bien postérieurs au temps dont nous parlons.

Il y avait une très-belle bibliothèque à Memphis (aujourd'hui le Grand-Caire), qui était déposée dans le temple de Vulcain; c'est de cette bibliothèque dont parle Naucratès[2] lorsqu'il accuse Homère d'avoir volé l'Iliade et l'Odyssée, et de les avoir ensuite données comme son propre ouvrage.

Mais la plus grande et la plus magnifique bibliothèque de l'Égypte, et peut-être du monde entier, était celle des Ptolémées à Alexandrie. Elle fut commencée par Ptolémée-Soter, et composée par les soins

[1] Littérateur et poète, mort en 1558.

[2] Commentaires sur les lettres des Égyptiens.

de Démétrius de Phalère, qui fit rechercher à grands frais des livres chez toutes les nations, et en forma, selon Épiphane[1], une collection de 54,800 volumes. Josèphe dit qu'il y en avait 200,000, et que Démétrius espérait en avoir dans peu 500,000; cependant Eusèbe assure qu'à la mort de Philadelphe, successeur de Soter, cette bibliothèque n'était composée que de 100,000 volumes. Il est vrai qu'elle s'augmenta par degrés sous ses successeurs, et qu'enfin on y compta jusqu'à 700,000 volumes; mais, par volumes, il faut entendre des rouleaux de parchemin beaucoup moins chargés que ne le sont nos volumes modernes.

Prince aussi philosophe que magnifique, et protecteur éclairé des lettres, Philadelphe acheta de Nelée, à des prix exorbitans, une partie des ouvrages d'Aristote, et un grand nombre d'autres volumes qu'il fit chercher à Rome, à Athènes, en Perse et en Éthiopie.

Un des plus beaux morceaux de sa bibliothèque, était l'Écriture-Sainte qu'il fit déposer dans le principal appartement, après l'avoir fait traduire en grec par les soixante-douze interprètes, que le grand-prêtre Éléazar avait envoyés à cet effet à ce prince qui les lui avait fait demander par Aristée, homme très-

[1] Surnommé l'*Agiographe*, prêtre de Jérusalem dans le 10e siècle, a écrit en grec: *Description géographique de la Syrie, de la ville sainte et des lieux saints, la vie de la Sainte-Vierge, etc.*

savant et capitaine de ses gardes, l'an 277 avant J.-C.[1].

Un de ses successeurs, nommé Ptolémée-Phiscon, prince d'ailleurs cruel, ne témoigna pas moins de passion pour enrichir la bibliothèque d'Alexandrie. On raconte de lui que dans un temps de famine il refusa aux Athéniens les blés qu'ils avaient coutume de tirer de l'Égypte, à moins qu'ils ne lui remissent les originaux des tragédies d'Eschyle, de Sophocle et d'Euripide, et qu'il les garda en leur renvoyant seulement des copies fidèles qu'il en avait fait tirer; toutefois, il leur abandonna aussi quinze talens qu'il avait consignés pour sûreté des originaux.

Tout le monde sait ce qui obligea Jules-César, assiégé dans un quartier d'Alexandrie, à faire mettre le feu à la flotte qui était dans le port[2]; malheureusement le vent porta les flammes plus loin que César ne voulait; et le feu ayant pris aux maisons voisines du grand port, se communiqua de là au quartier de Bruchion, aux magasins de blé et à la bibliothèque qui en faisaient partie, et causa l'embrasement de cette bibliothèque si fameuse.

Quelques auteurs croient qu'il n'y eut que 400,000 volumes de brûlés, et que tant des autres livres qu'on put sauver de l'incendie que des débris de la bibliothèque des rois de Pergame, dont 200,000 volumes furent donnés à Cléopâtre par Antoine, on forma la

[1] C'est cette traduction qui depuis a toujours été connue sous le nom de *Version des Septante*.

[2] *Voyez* Comment. de César par Hirtius, *Bellum Alexandriæ*.

nouvelle bibliothèque de Sérapion, qui devint en peu de temps fort nombreuse. Mais après diverses révolutions sous les empereurs romains, dans lesquelles la bibliothèque fut tantôt pillée, et tantôt rétablie, elle fut enfin détruite l'an 650 de Jésus-Christ, par Amrou-Ben-El-Ass, général des Sarrasins, qui, sur un ordre du calife Omar, commanda que les livres de la bibliothèque d'Alexandrie fussent distribués dans les bains publics de cette ville, où ils servirent à les chauffer pendant six mois.

§ III. — Bibliothèques d'Asie mineure et de Perse.

La bibliothèque de Pergame, dont nous venons de parler, fut fondée par Eumènes II et Attale II son frère. Animés d'un esprit d'émulation, ces princes firent tous leurs efforts pour égaler la splendeur et la magnificence des rois d'Égypte, et surtout en amassant un nombre prodigieux de livres, dont Pline dit que le nombre s'élevait à plus de deux cent mille. Volaterani dit qu'ils furent tous brûlés à la prise de Pergame; mais Pline et plusieurs autres nous assurent que Marc-Antoine les donna à Cléopâtre, ce qui ne s'accorde pourtant pas avec le témoignage de Strabon, qui dit que cette bibliothèque était à Pergame, de son temps, c'est-à-dire sous le règne de Tibère. On pourrait concilier ces différens historiens, en remarquant qu'il est vrai que Marc-Antoine avait fait transporter cette bibliothèque de Pergame à Alexandrie, mais qu'après la bataille d'Actium, Auguste, qui se plaisait à défaire tout ce qu'Antoine avait fait, la fit reporter à Pergame. Au reste, ceci ne doit être regardé que comme une conjecture, aussi bien que le sentiment de quelques auteurs qui prétendent qu'Alexandre-le-Grand en fonda une magnifique à Alexandrie, qui donna lieu par la suite à celle des Ptolémées.

Suze en Perse, possédait aussi une bibliothèque considérable. C'est là que Métosthènes puisa, dans les annales de cette monarchie, les documens qui lui servirent à écrire l'histoire qu'il nous en a laissée. Diodore de Sicile parle de cette bibliothèque; mais on croit communément qu'elle contenait moins des livres de sciences qu'une collection des lois, chartes et ordonnances des monarques persans: c'était une espèce de dépôt semblable aux archives de nos chambres des comptes.

§ IV. — Bibliothèques grecques.

Les Lacédémoniens n'avaient point de livres. Cette nation belliqueuse, d'un caractère aussi froid que généralement sobre, exprimait tout d'une façon si concise et en si peu de mots, que l'écriture lui paraissait superflue, puisque la mémoire lui suffisait pour se souvenir de tout ce qu'elle avait besoin de savoir.

Les Athéniens, au contraire, chez qui l'éloquence dégénérait malheureusement quelquefois en verbiage, écrivirent beaucoup; et, dès que les sciences eurent commencé à fleurir à Athènes, la Grèce fut bientôt enrichie d'un grand nombre d'ouvrages de toutes espèces. Val. Maxime dit que le tyran Pisistrate fut le premier de tous les Grecs qui s'avisa de faire un recueil des ouvrages des savans, en quoi la politique n'eut peut-être pas la moindre part; il voulait, en fondant une bibliothèque pour l'usage public, gagner l'amitié de ceux que la perte de leur liberté faisait gémir sous son usurpation. Cicéron dit que c'est à Pisistrate qu'appartient la gloire d'avoir rassemblé en un seul volume et distribué dans l'ordre où ils nous sont parvenus les ouvrages d'Homère, qui se chantaient auparavant, par toute la Grèce, par morceaux détachés et sans aucun ordre. Platon en fait honneur à Hipparque, fils de Pisistrate; d'autres prétendent que ce fut Solon; Plutarque et Élien attribuent cette précieuse collection à Lycurgue et à Zénodote d'Éphèse.

Les Athéniens augmentèrent considérablement cette bibliothèque après la mort de Pisistrate; ils en fondèrent même d'autres. Mais Xerxès, après s'être rendu maître d'Athènes, emporta en Perse tous leurs livres confondus avec le reste du butin qu'il avait fait sur les Grecs. Il est vrai que, si on en veut croire Aulu-Gelle, Seleucus Nicator les fit rapporter en cette ville quelques siècles après.

Zuringer dit que, dans le même temps, il y avait une bibliothèque magnifique dans l'île de Cnidos, une des Cyclades, et qu'elle fut brûlée par l'ordre d'Hippocrate le médecin, parce que les habitans refusèrent de suivre sa doctrine. Ce fait, au reste, n'est pas trop avéré.

Cléarque, tyran d'Héraclée, et disciple de Platon et d'Isocrate, fonda une bibliothèque dans sa capitale; ce qui lui attira l'estime de tous ses sujets, en diminuant l'horreur que leur inspiraient toutes les cruautés qu'il exerça sur eux. Camérarius[1] parle de la bibliothèque d'Apamée comme de l'une des plus célèbres de l'antiquité. Ange Roca, dans son catalogue de la bibliothèque du Vatican, dit qu'elle contenait vingt mille volumes.

§ V. — Bibliothèques romaines.

Si les anciens Grecs n'avaient que peu de livres, les anciens Romains en avaient encore bien moins. Par la suite ils eurent, aussi bien que les Juifs, deux sortes de bibliothèques, les unes publiques, les autres particulières. Dans les premières étaient les édits et les lois touchant la police et le gouvernement de l'État; les autres étaient celles que chaque particulier formait dans sa maison, comme celle que Paul-Émile apporta de Macédoine après la défaite de Persée.

Il y avait aussi des bibliothèques sacrées qui regardaient leur religion, et qui dépendaient entièrement des pontifes et des augures, pour les livres dont elles étaient composées.

Voilà à peu près ce que les auteurs nous apprennent

[1] Savant littérateur, mort en 1574.

touchant les bibliothèques publiques des Romains. A l'égard des bibliothèques particulières, il est certain qu'aucune autre nation n'a eu plus d'avantages ni plus d'occasions pour en avoir de très-considérables, puisque les Romains étaient les maîtres de la plus grande partie du monde alors connu.

L'histoire nous apprend qu'à la prise de Carthage, le sénat fit présent à la famille de Régulus de tous les livres qu'on avait trouvés dans cette ville, et qu'il fit traduire en latin 28 volumes, composés sur l'agriculture par Magon le Carthaginois.

Plutarque assure que Paul-Émile distribua à ses enfans la bibliothèque de Persée, roi de Macédoine, qu'il mena en triomphe à Rome; mais Isidore dit positivement qu'il la donna au public. Asinius Pollion fit plus, car il fonda, exprès pour l'usage du public, une bibliothèque qu'il composa des dépouilles de tous les ennemis qu'il avait vaincus, et de grand nombre de livres de toutes espèces qu'il acheta : il l'orna de portraits de savans, et entre autres, de celui de Varron.

Varron avait aussi une magnifique bibliothèque; celle de Cicéron ne devait pas l'être moins, si on fait attention à son érudition, à son goût et à son rang : elle fut considérablement augmentée par celle de son ami Atticus : il la préférait, disait-il, à tous les trésors du monarque Lydien.

Plutarque parle de la bibliothèque de Lucullus comme de l'une des plus considérables du monde, tant par rapport au nombre des volumes, que par rapport aux superbes ornémens dont elle était décorée.

La bibliothèque de César était digne de lui, et rien ne pouvait contribuer davantage à lui donner de la réputation, que d'en avoir confié le soin au savant Varron.

Auguste fonda une belle bibliothèque proche le temple d'Apollon, sur le mont Palatin. Horace, Juvenal et Perse en parlent comme d'un endroit où les poètes avaient coutume de réciter et de déposer leurs ouvrages.

Vespasien fonda une bibliothèque proche le temple de la Paix, à l'imitation de César et d'Auguste.

Mais la plus magnifique de toutes ces anciennes bibliothèques, était celle de Trajan, qu'il appela de son propre nom la bibliothèque Ulpienne. Elle fut fondée pour l'usage du public, et, selon le cardinal Volaterani, l'empereur y avait fait écrire toutes les belles actions des princes et les décrets du sénat, sur des pièces de belle toile qu'il fit couvrir d'ivoire. Quelques auteurs assurent que Trajan fit porter à Rome tous les livres qui se trouvaient dans les villes conquises pour augmenter sa bibliothèque : il est probable que Pline le jeune, son favori, l'engagea à l'enrichir de la sorte.

Outre celles dont nous venons de parler, il y avait encore à Rome une bibliothèque considérable, fondée par Simonicus, précepteur de l'empereur Gordien; Isidore et Boëce en font un éloge pompeux;

ils disent qu'elle contenait 80,000 volumes choisis, et que l'appartement qui la renfermait était pavé de marbre doré, les murs lambrissés de glaces et d'ivoire, etc., les armoires et pupitres de bois d'ébène et de cèdre.

Telles sont à peu près toutes les bibliothèques de l'ancien empire romain, qui méritent d'être citées.

§ VI. — Bibliothèques du Bas-Empire.

Les premiers chrétiens, occupés uniquement de leur salut, brûlèrent tous les livres qui n'avaient point de rapport à la religion. (*Actes des apôtres.*)

Ils eurent d'ailleurs trop de difficultés à combattre pour avoir le temps d'écrire et de former des bibliothèques. Ils conservaient seulement dans leurs églises les livres de l'ancien et du nouveau Testament, auxquels on joignit par la suite les actes des martyrs. Lorsque la cruauté de leurs ennemis, leur donnant un peu plus de repos, leur permit de s'adonner aux sciences, ce fut alors seulement qu'il se forma quelques bibliothèques. Les auteurs parlent avec éloge de celles de saint Jérôme et de George, évêque d'Alexandrie.

On en voyait une célèbre à Césarée, fondée par Jules l'Africain, et augmentée dans la suite par Eusèbe, évêque de cette ville, au nombre de 20,000 volumes. Quelques-uns en attribuent l'honneur à saint Pamphile, prêtre de Laodicée, et ami intime d'Eusèbe; c'est ce que cet historien semble dire lui-même. Cette bibliothèque fut d'un grand secours à saint Jérôme, pour l'aider à corriger les livres de l'ancien Testament; c'est là qu'il trouva l'Évangile de saint Mathieu en hébreu. Quelques auteurs prétendent que cette bibliothèque fut dispersée, et qu'elle fut ensuite rétablie par saint Grégoire de Nazianze et Eusèbe.

Saint Augustin parle d'une bibliothèque d'Hippone. Celle d'Antioche était aussi très-célèbre, mais l'empereur Jovien, pour plaire à sa femme, la fit malheureusement détruire. Sans entrer dans un plus grand détail sur les bibliothèques des premiers chrétiens, il suffira de dire que chaque église avait sa bibliothèque pour l'usage de ceux qui s'appliquaient aux études. Eusèbe nous l'atteste, et il ajoute que presque toutes ces bibliothèques, avec les oratoires où elles étaient conservées, furent brûlées et détruites par Dioclétien.

Passons maintenant à des bibliothèques plus considérables que celles dont nous venons de parler, c'est-à-dire, à celles qui furent fondées après que le christianisme fut affermi sans contradiction. Celle de Constantin-le-Grand, fondée, selon Zonare, l'an 336, mérite attention. Ce prince, voulant réparer la perte que le tyran, son prédécesseur, avait causée aux chrétiens, porta tous ses soins à faire chercher des copies des livres qu'on avait voulu détruire; il les fit transcrire et y en ajouta d'autres dont il forma à grands frais une nombreuse bibliothèque. A Constantinople, l'empereur Julien voulut détruire cette bibliothèque, et empêcher les chrétiens d'avoir des livres, afin de les plonger dans l'ignorance; il fonda cependant lui-

2

même deux grandes bibliothèques, l'une à Constantinople et l'autre à Antioche, sur les frontispices desquelles il fit graver :

« Alii quidem equos amant, alii aves, alii feras; mihi verò à » puerulo mirandum acquirendi et possidendi libros insedit desi- » derium. »

Théodose le jeune ne fut pas moins soigneux à augmenter la bibliothèque de Constantin-le-Grand ; elle ne contenait d'abord que six mille volumes, mais par ses soins et sa magnificence, il s'y en trouva en peu de temps cent mille. Léon l'Isaurien en fit brûler plus de la moitié, afin de détruire les monumens qui auraient pu déposer contre son hérésie pour le culte des images. C'est dans cette bibliothèque que fut déposée la copie authentique du premier concile général de Nicée. Zonare[1] et Cédrène racontent que sous l'empereur Bazile cette bibliothèque renfermait 120,000 volumes. Elle fut brûlée par les Iconoclastes. L'Iliade et l'Odyssée d'Homère y figuraient, écrites en lettres d'or sur un boyau de dragon de la longueur de cent vingt pieds. Il y avait aussi, selon quelques auteurs, une copie des évangiles dont la couverture était une plaque d'or du poids de quinze livres, enrichie de pierreries.

[1] Zonare, historien grec, vivait au seizième siècle ; il a composé des annales qui vont jusqu'à la mort d'Alexis Comnène, en 1118. La meilleure édition de ces annales est celle du Louvre, 1686—1687, 2 vol. in-fol., qui font partie de la Bysantine, etc., etc.

Les barbares qui inondèrent l'Europe, détruisirent les bibliothèques et les livres en général; ignorans et grossiers, incapables de sentir tout le charme de la littérature et d'apprécier les chefs-d'œuvre des arts, leur fureur brûtale a causé la perte irréparable d'un nombre infini d'excellens ouvrages.

Le premier de ce temps-là, qui eût du goût pour les lettres, fut Cassiodore, favori et ministre de Théodoric, roi des Goths qui s'établirent en Italie, et qu'on nomma communément Ostrogoths. Cassiodore, fatigué du poids du ministère, se retira dans un couvent qu'il fit bâtir, où il consacra le reste de ses jours à la prière et à l'étude : il y fonda une bibliothèque pour l'usage des moines, compagnons de sa solitude. Ce fut à peu près dans le même temps que le pape Hilaire, premier du nom, fonda deux bibliothèques dans l'église de Saint-Étienne, et que le pape Zacharie I, selon Platina, rétablit celle de Saint-Pierre.

Quelque temps après, Charlemagne fonda la sienne à l'île Barbe, près de Lyon. Paradin dit qu'il l'enrichit d'un grand nombre de livres magnifiquement reliés; et Sebellicus, aussi bien que Palmerius, assurent qu'il y mit entre autres un manuscrit des œuvres de saint Denis, dont l'empereur de Constantinople lui avait fait présent. Il fonda encore en Allemagne plusieurs colléges avec des bibliothèques pour l'instruction de la jeunesse, entre autres, une à Saint-Gall en Suisse, qui était fort estimée. Le roi Pépin en avait fondé une à Fulde par le conseil de saint Boniface, l'apôtre de l'Allemagne; ce fut dans ce célèbre monastère que Raban-Maur et Hildebert vécurent et étudièrent dans le même temps. Il y avait une autre bibliothèque à la Wrissen, près de Worms; mais celle que Charlemagne fonda dans son palais à Aix-la-Chapelle, surpassa toutes les autres; cependant il ordonna, avant de mourir, qu'on la vendît pour en distribuer le prix aux pauvres. Louis-le-Débonnaire, son fils, lui succéda à l'empire et à son amour pour les arts et les sciences qu'il protégea de tout son pouvoir.

CHAPITRE DEUXIÈME.

BIBLIOTHÈQUES MODERNES D'ASIE ET D'AFRIQUE.

§ Ier. ASIE. — Bibliothèques turques.

Il semble qu'au XIe siècle les sciences se soient réfugiées auprès de Constantin-Porphyrogénète, empereur de Constantinople. Ce grand prince, conservant dans son âme quelques restes de l'ancienne splendeur des Romains, se montra le protecteur des sciences et des arts qu'il encouragea de tout son pouvoir; exemple que ses sujets s'empressèrent de suivre, en cultivant les lettres. Aussi parut-il alors en Grèce plusieurs savans qui, attirés par la réputation du souverain, vinrent chercher à l'abri de son trône un appui que l'Europe encore ignorante n'accordait que faiblement au génie.

L'empereur, toujours porté à chérir les sciences, choisit parmi ces hommes ceux qu'il jugea les plus capables de lui rassembler de bons livres dont il forma une bibliothèque publique, à l'arrangement de laquelle il travailla lui-même. Les choses furent en cet état jusqu'à ce que les Turcs se rendirent maîtres de Constantinople. Aussitôt, les sciences forcées d'abandonner la Grèce, se réfugièrent en Italie, en France et en Allemagne, où on les reçut à bras ouverts; et bientôt la lumière commença à se répandre sur le reste de l'Europe, qui avait été ensevelie pendant long-temps dans les ténèbres de l'ignorance la plus grossière.

La bibliothèque des empereurs grecs de Constantinople n'avait pourtant pas été anéantie à la prise de cette ville par Mahomet II. Au contraire, ce sultan avait ordonné très-expressément qu'elle fût conservée, et elle le fut en effet, après avoir été seulement transférée dans quelques appartemens du sérail, jusqu'au règne d'Amurath IV, où ce prince, quoique mahométan peu scrupuleux, dans un violent accès de dévotion, sacrifia tous les livres de la bibliothèque grecque à la haine implacable dont il était animé contre les chrétiens; c'est là tout ce qu'en put apprendre M. l'abbé Sevin, lorsque par ordre du roi, il fit en 1729 le voyage de Constantinople, dans l'espérance de pénétrer jusque dans la bibliothèque du Grand-Seigneur, et d'en obtenir des manuscrits pour enrichir celle du roi.

Quant à la bibliothèque du sérail, elle fut commencée par le sultan Sélim, le conquérant de l'Égypte, et qui, tout barbare qu'il était, aimait cependant les lettres : mais elle n'était composée que de trois ou quatre mille volumes, turcs, arabes ou persans, sans nul manuscrit grec. Le prince de Valachie, Maurocordato, en avait beaucoup recueilli de ces derniers, et il s'en trouve de répandus dans les monastères de la Grèce : mais il paraît qu'on ne faisait guère de cas de ces précieux morceaux, dans un pays où les sciences et les beaux-arts ont fleuri pendant si long-temps.

Les Turcs se sont mêlés à tant de peuples différens, que leur langue a emprunté des expressions à une foule d'idiomes. Ils ne sont pas sans littérature. Il avait été souvent question d'établir une imprimerie à Constantinople, mais les copistes s'étaient toujours opposés, et long-temps d'une manière victorieuse, à l'introduction d'un art qui devait leur faire perdre un état d'où dépendait leur existence; cependant à la fin le gouvernement l'a autorisé, et un assez grand nombre de livres en langue turque sont déjà imprimés.

Suivant Thornton, l'arrogance des Turcs et leur mépris pour la littérature ne viennent pas de la différence de leur religion, qui a produit des effets tout différens chez les Persans et les Arabes; la principale cause de cette brutalité est que les Turcs ont retenu le caractère de leurs ancêtres, pasteurs ignorans et barbares, qui, après avoir conquis des contrées riches et civilisées, ont été pressés de jouir et de dominer. D'ailleurs, on a beaucoup exagéré ce mépris pour les sciences. Un *medressé* ou collége pour l'instruction de la jeunesse, et un *kithabkhané* ou bibliothèque, sont considérés comme des dépendances nécessaires d'un *djami* ou mosquée du premier ordre. Il y a, à Constantinople, trente-cinq bibliothèques publiques, dont la moins considérable renferme plus de mille volumes, et chacune possède un catalogue contenant le titre et un extrait du contenu de chaque volume. Les plus remarquables sont celles de Sainte-Sophie et celle de la mosquée appelée la Solimanie. La plus élégante est celle qui a été fondée par le visir Raghib; mais on n'y trouve guère que de la théologie. Près de cette bibliothèque est une école fondée par le même visir, où cent enfans apprennent à lire. Les Turcs ont leurs poëtes, leurs historiens et leurs théologiens; ils se servent de caractères arabes.

La Porte a donné l'ordre tout récemment de vendre au poids toutes les belles bibliothèques qui sont à Constantinople; on cite, entre autres, celles des princes Moruzi, devenus l'objet de la haine et de la jalousie de ce gouvernement despotique, à cause de leurs richesses, de leur patriotisme et de leurs talens.

Quoiqu'on ne trouve plus maintenant aucun manuscrit grec dans le sérail, il est certain qu'il y en avait plusieurs au 17e siècle. En 1685, M. Girardin, ambassadeur français à la cour ottomane, en acheta quinze des meilleurs par l'entremise du jésuite Bezuier.

Le reste, au nombre de cent quatre-vingts, fut vendu à Constantinople pour 100 livres chaque. S'ils existaient encore dans quelques bibliothèques, il serait facile de les reconnaître par les armes et le cachet du sultan, apposés sur tous les ouvrages qui font partie de la bibliothèque. Les quinze manuscrits que se procura l'ambassadeur français furent envoyés à Paris. L'un d'eux était une copie, sur vélin, de tous les ouvrages de Plutarque; elle fut revue et vérifiée par Wystenbach, qui en fait un grand éloge. Il s'y trouvait aussi une copie d'Hérodote, dont Larcher fait mention. Il paraît que la bibliothèque fut volée vers l'année 1638; car Gravius (Greaves, Anglais) acheta plusieurs manuscrits qu'on lui assura avoir fait partie de la collection du sérail. Il existait aussi, à Constantinople, en 1678, une traduction arabe d'un ouvrage d'Aristote, qu'on croyait perdu. Il y a dans le sérail plusieurs autres bibliothèques, mais l'accès en est constamment défendu. On sait qu'il s'y trouve actuellement 1,294 manuscrits, la plupart écrits en arabe, ou traduits dans cette langue du turc et du persan. Ils traitent de théologie, de jurisprudence, de logique, de philosophie, de physique, de grammaire, d'histoire, de philologie et de belles-lettres.

L'édifice qui renferme ces livres a la forme d'une croix grecque; une des branches sert de vestibule, et les trois autres, ainsi que le centre, forment le corps de la bibliothèque. Dans le vestibule, au-dessus de la porte des salles intérieures, on lit les mots suivans en arabe : « *Entrez en paix.* » Il y a douze armoires renfermant des livres, avec portes à deux battans, garnies d'un treillis d'un travail curieux.

§ II. — Bibliothèques chinoises.

Il est certain que toutes les nations cultivent les sciences, les unes plus, les autres moins; mais il n'en est aucune où le savoir soit plus estimé que chez les Chinois. Chez ce peuple on ne peut parvenir au moindre emploi qu'on ne soit savant, du moins par rapport au commun de la nation. Ainsi, ceux qui veulent figurer dans le monde sont indispensablement obligés de s'appliquer à l'étude. Il ne suffit pas chez eux d'avoir la réputation de savant, il faut l'être réellement afin de pouvoir parvenir aux dignités et aux honneurs, chaque candidat étant obligé de subir trois examens très-sévères, qui répondent à nos trois degrés de bachelier, licencié et docteur.

De cette nécessité d'étudier, il s'en suit qu'il doit y avoir en Chine un nombre infini de livres et d'écrits; et que par conséquent les gens riches chez eux doivent avoir formé de grandes bibliothèques.

En effet, les historiens rapportent qu'environ deux cents ans avant J.-C., Chingius, ou Xius, empereur de la Chine, ordonna que tous les livres du royaume (dont le nombre était presqu'infini) fussent brûlés, à l'exception de ceux qui traitaient de la médecine, de l'agriculture et de la divination; s'imaginant par là faire oublier les noms de ceux qui l'avaient précédé, et que la postérité ne pourrait plus parler que de lui; ses ordres ne furent pas exécutés avec tant de soin, qu'une femme ne pût sauver les ouvrages de Mencius Confucius, surnommé le Socrate de la Chine, et de plusieurs autres, dont elle colla les feuilles contre le mur de sa maison, où elles restèrent jusqu'à la mort du tyran.

C'est par cette raison que ces ouvrages passent pour être les plus anciens de la Chine, et surtout ceux de Confucius, pour qui ce peuple a une extrême vénération. Ce philosophe laissa neuf livres qui sont, pour ainsi dire, la source de la plupart des ouvrages qui ont paru depuis son temps à la Chine, et qui sont si nombreux qu'un seigneur de ce pays (au rapport du père Trigault), s'étant fait chrétien, employa quatre jours à brûler ses livres, afin de ne rien garder qui sentît les superstitions des Chinois. Spizellius, dans son livre *de re litterariâ Sinensium*, dit qu'il y a sur le mont Lingumen une bibliothèque de plus de trente mille volumes, tous composés par des auteurs chinois, et qu'il n'y en a guère moins dans le temple de Venchung, proche l'école royale.

§ III. — Bibliothèques japonaises.

Il y a plusieurs belles bibliothèques au Japon, car les voyageurs assurent qu'il y a dans la ville de Narad un temple magnifique dédié à Xaca, le sage du Prophète et le législateur du pays, et qu'auprès de ce temple, les bonzes ou prêtres ont leurs appartemens, dont un est soutenu par vingt-quatre colonnes, et contient une bibliothèque remplie de livres du haut en bas.

§ IV. AFRIQUE. — Bibliothèque éthiopienne.

Tout ce que nous avons dit est peu de chose en comparaison de la bibliothèque qu'on disait être dans le monastère de la Sainte-Croix, sur le mont Amara en Ethiopie. L'histoire nous dit qu'Antoine Briens et Laurent de Crémone furent envoyés dans ce pays par Grégoire XIII pour voir cette fameuse bibliothèque, qui est divisée en trois parties, et contient en tout dix millions cent mille volumes, tous écrits sur de beau parchemin et gardés dans des étuis de soie. On ajoute que cette bibliothèque doit son origine à la reine de Saba, qui, lorsqu'elle visita Salomon, reçut de lui un grand nombre de livres, particulièrement ceux d'Enoch sur les élémens et sur d'autres sujets philosophiques, avec ceux de Noé sur des sujets de mathématiques et sur le rit sacré, ainsi que ceux qu'Abraham composa dans la vallée de Mambré, où il enseigna la philosophie à ceux qui l'aidèrent à vaincre les rois qui avaient fait prisonnier son neveu Lot. On y trouvait aussi les livres de Job, aussi bien que les livres d'Esdras, des Sibylles, des Prophètes et des grands-prêtres des Juifs, outre ceux qu'on suppose avoir été écrits par la reine de Saba et par son fils Memilech, qu'elle eut, dit-on, de Salomon. Nous rapportons ces opinions moins pour les adopter, que pour montrer que de très-habiles gens y ont donné leur créance, tels que le P. Kircher, jésuite. Ce qu'on peut dire des Éthiopiens, c'est qu'ils ne se soucient guère de la littérature profane, et que par conséquent ils n'ont guère de livres grecs ni latins sur des sujets historiques ou philosophiques, car ils ne s'appliquent qu'à la littérature sacrée, qui fut d'abord extraite des livres grecs, et ensuite traduite dans leur langue. Il sont schismatiques et sectateurs d'Eutychès et de Nestorius.

§ V. — Bibliothèques arabes.

Les Arabes d'aujourd'hui ne connaissent que bien faiblement les lettres; mais vers le dixième siècle, et surtout sous le règne d'Almanzor, aucun peuple ne les cultivait avec plus de succès. Aux temps d'ignorance qui couvrirent pendant plusieurs années toute l'étendue de l'Arabie, avant Mahomet, le calife Almamon, le premier, fit succéder la vive lumière des sciences chez les Arabes; il fit traduire en leur langue un grand nombre de livres qu'il avait forcé Michel III, empereur de Constantinople, de lui laisser choisir dans sa bibliothèque et dans tout l'empire, après l'avoir vaincu dans une bataille.

§ VI. — Maroc, Fez, Alger, Gaza, Damas.

Le roi Manzor ne fut pas moins assidu à cultiver les lettres. Ce grand prince fonda plusieurs écoles et bibliothèques publiques à Maroc, où les Arabes se vantent d'avoir la première copie du Code de Justinien.

Eupennas dit que la bibliothèque de Fez est composée de trente-deux mille volumes, et quelques-uns prétendent que toutes les Décades de Tite-Live s'y trouvent, avec les ouvrages de Pappus d'Alexandrie, fameux mathématicien, ceux d'Hippocrate, de Galien et de plusieurs autres bons auteurs, dont les écrits ne sont pas parvenus jusqu'à nous, ou n'y sont venus que très-imparfaits.

Selon quelques voyageurs, il y a à Gaza une autre belle bibliothèque d'anciens livres, dans la plupart desquels on voit des figures d'animaux et des chiffres à la manière des Égyptiens; ce qui fait présumer que ce sont quelques restes de la bibliothèque d'Alexandrie.

Il y a une bibliothèque à Damas, où François Rosa de Ravenne trouva la philosophie mystique d'Aristote en arabe, qu'il publia dans la suite.

On a vu, par ce que nous avons déjà dit, que la bibliothèque des empereurs grecs n'a point été conservée, et que celle des sultans est très-peu de chose; ainsi, ce qu'on trouve à cet égard dans Baudier et d'autres auteurs qui en racontent des merveilles, ne doit point prévaloir sur le récit simple et sincère qu'ont fait sur le même sujet les savans judicieux envoyés à Constantinople pour essayer de recueillir, s'il était possible, quelques lambeaux de ces précieuses bibliothèques. D'ailleurs, le mépris que les Turcs en général ont toujours témoigné pour les sciences des Européens, prouve assez le peu de cas qu'ils feraient des auteurs grecs et latins; car s'ils les avaient eus en leur possession, on ne voit pas pourquoi ils auraient refusé de les communiquer à la réquisition du premier prince de l'Europe.

§ VII. — Perse moderne.

Il y avait anciennement une très-belle bibliothèque dans la ville d'Ardwil en Perse, où résidaient les Mages, au rapport d'Oléarius dans son Itinéraire. La Boulaye-Le-Goux dit que les habitans de Sabea ne se servent que de trois livres, qui sont le livre d'Adam, celui du Divan et l'Alcoran; un écrivain jésuite assure aussi avoir vu une bibliothèque superbe à Alger.

Pour connaître quels sont les manuscrits qu'on a apportés de chez les Grecs en France, en Italie et en Allemagne, et ceux qui restent encore à Constantinople entre les mains de particuliers et dans l'île de Pathmos et les autres îles de l'Archipel, dans le monastère de Saint-Basile à Caffra, anciennement Théodosia, dans la Tartarie Crimée et dans les autres états du Grand Turc, on peut consulter l'excellent traité du P. Possevin, intitulé *Apparatus sacer*, et la relation du voyage que fit l'abbé Sevin à Constantinople, en 1729; elle est insérée dans les Mémoires de l'Académie des Belles-Lettres, tome VII.

CHAPITRE TROISIÈME.

EUROPE.

Le grand nombre des bibliothèques, tant publiques que particulières, qui font aujourd'hui un des principaux ornemens de l'Europe, nous amèneraient à des détails qui nous entraîneraient hors du plan que nous nous sommes tracé; nous nous contenterons donc d'indiquer les plus considérables, soit par la quantité, soit par le choix des livres qui les composent.

§ Ier. — Bibliothèques anglaises.

L'Angleterre, et encore plus l'Irlande, possédaient de savantes et riches bibliothèques, que les incursions fréquentes des habitans du Nord détruisirent dans la suite. Il n'y en a point qu'on doive plus regretter que la grande bibliothèque fondée à York par Egbert, archevêque de cette ville; elle fut brûlée avec la cathédrale, le couvent de Sainte-Marie, et plusieurs autres maisons religieuses sous le roi Étienne. Alcuin parle de cette bibliothèque, dans son épître à l'église d'Angleterre.

Vers ces temps, un nommé Gauthier ne contribua pas peu, par ses soins et par son travail, à fonder la bibliothèque du monastère de Saint-Alban, qui était très-considérable; elle fut pillée, aussi bien qu'une autre, par les pirates danois.

La bibliothèque formée dans le douzième siècle par Richard de Burg, évêque de Durham, chancelier et trésorier de l'Angleterre, fut aussi fort célèbre. Ce savant prélat n'omit rien pour la rendre aussi complète que le permettait le malheur des temps; et il écrivit lui-même un traité intitulé *Philobiblion*, concernant le choix des livres, et la manière de former une bibliothèque. Il y représente les livres comme les meilleurs précepteurs, en s'exprimant ainsi : « *Hi sunt* » *magistri, qui nos instruunt sine virgis et ferulis,* » *sine cholerâ, sine pecuniâ : si accedis, non dor-* » *miunt; si inquiris, non se abscondunt; non obmur-* » *murant, si oberres; cachinnos nesciunt, si ignores.* »

L'Angleterre possède aujourd'hui des bibliothèques très-riches en tous genres de littérature et en manuscrits fort anciens. Une des plus remarquables est la bibliothèque Bodleyenne d'Oxford, élevée, si l'on peut se servir de ce terme, sur les fondemens de celle du duc de Humphry et de sir Thomas Bodley, nommé ambassadeur en plusieurs cours européennes, sous le règne de la reine Elisabeth; elle contient aujourd'hui 400,000 volumes imprimés et 25,000 manuscrits. On ne permet, dans cette bibliothèque, la sortie d'aucun livre, mais toutes les facilités sont accordées à ceux qui désirent y faire des recherches. Le revenu actuel de l'établissement est d'environ 3,000 livres sterling (75,000 fr.), et il reçoit en outre un exemplaire de tous les ouvrages réimprimés dans la Grande-Bretagne.

Cette bibliothèque a acheté dernièrement à Venise une précieuse collection de 2,040 manuscrits grecs, latins et hébreux; le prix d'achat et celui du transport excédèrent 6,600 liv. sterl. (160,000 fr.). John Uri, savant hongrois, avait été occupé pendant plus de cinq ans à en préparer le catalogue.

La bibliothèque du Muséum britannique contient environ 200,000 volumes; elle fut fondée en 1755. En 1762, elle s'augmenta d'une collection d'ouvrages ou pamphlets, publiés depuis 1564 jusqu'en 1660, qui contenaient 32,000 articles, formant une suite de 2,000 volumes. Le roi Georges IV actuellement régnant a, peu de temps après son avénement au trône, ajouté à cette collection la bibliothèque royale commencée par Georges III[1] et formée en partie de celle de M. Joseph Smith, consul à Venise; elle avait été achetée à ce dernier en 1762, 10,000 livres sterl. (250,000 fr.). Depuis cette époque, elle avait été augmentée par une acquisition annuelle de livres, pour la

[1] A l'époque où ce monarque monta sur le trône, en 1760, les rois d'Angleterre n'avaient pas un seul volume qui leur appartînt en propre.

somme de 2,000 liv. sterl. (50,000 f.), sans compter tous les ouvrages qui avaient été offerts au roi ; ce qui portait cette bibliothèque, lorsqu'elle a été ajoutée à celle du Muséum britannique, à 90,000 volumes.

La bibliothèque du collége de la Trinité, à Cambridge, est digne de l'université de cette ville ; les différentes branches de sciences qu'elle renferme sont très-complètes. Aucune peine n'a été épargnée dans le choix et le classement des livres qui sont disposés dans trente alcôves de chêne ciselé. Cette précieuse collection est ouverte à tous les étudians, gradués ou non. Elle contient 200,000 volumes, et s'augmente constamment de tous les ouvrages nouveaux qui ont quelque mérite, et de tous les écrits périodiques.

L'Ecosse possède aussi plusieurs bibliothèques remarquables ; celle de l'université d'Edimbourg consiste en 50,000 volumes et quelques manuscrits. La bibliothèque de Ladvocat, à Edimbourg, contient environ 80,000 ouvrages imprimés et 1,600 manuscrits : la plus grande partie traite de l'histoire nationale, des antiquités grecques et romaines, et de la jurisprudence.

La bibliothèque de l'université de Glasgow consiste en 30,000 volumes, outre celle de feu le docteur Williams Hunter, qui contient une collection choisie de livres grecs et latins ; beaucoup de ces livres sont des plus anciennes éditions. La bibliothèque de Saint-Andrews contient environ 36,000 volumes, et celle du collége royal d'Aberdeen en possède 14,000.

La bibliothèque du collége de la Trinité, à Dublin en Irlande, renferme environ 50,000 volumes classés, outre environ 1,100 manuscrits hébreux, arabes, persans, grecs, latins, irlandais et anglais.

§ II. — Bibliothèques danoises.

La bibliothèque royale de Copenhague en Danemarck possède près de 400,000 volumes imprimés, et beaucoup de volumes manuscrits. A la vente de la belle bibliothèque du comte Otto That, qui contenait 116,395 volumes, exclusivement composés d'écrits politiques et de manuscrits, la bibliothèque royale fut augmentée de 50,000 volumes provenant de cette savante bibliothèque. Le comte, par son testament, lui avait légué 4,154 manuscrits, et de plus, une précieuse collection de 6,159 ouvrages imprimés avant l'année 1530. En 1779, le gouvernement danois acheta la bibliothèque de Luxdorf, riche en ouvrages classiques aussi bien qu'en manuscrits, et l'ajouta à la bibliothèque royale. Depuis, elle a fait des acquisitions importantes à la vente des bibliothèques de Oder, Holmskiald, Rottboll, Ancher, et autres savans en 1789, 90, 91, 93, 94 et 98. En 1796, elle s'enrichit des ouvrages que lui offrit la libéralité patriotique de Suhm.

Ce docte historien avait recueilli, dans l'espace de cinquante années, 100,000 volumes qu'il avait mis à la disposition du public. Peu de temps avant sa mort, il en fit don à la bibliothèque royale : voulant, pour ainsi dire, qu'après sa mort le fruit de ses recherches et de ses peines ne fût pas perdu pour ses concitoyens.

§ III. — Bibliothèques suédoises.

La Suède possède aussi quelques bibliothèques remarquables ; de ce nombre, est celle que Christine fonda à Stockholm ; on y voit, entre autres curiosités, une des premières copies de l'Alcoran ; quelques-uns prétendent même que c'est l'original qu'un des sultans turcs envoya à l'empereur des Romains, mais cela ne paraît guère probable.

La bibliothèque actuelle de Stockholm contient plus de 250,000 volumes imprimés et 5,000 manuscrits.

On admire dans la bibliothèque de l'université d'Upsal un livre très-curieux : ce sont les quatre évangiles, traduits en langue des Goths et écrits sur le vélin en lettres gothiques d'or et d'argent. Cette bibliothèque possède au-delà de 50,000 volumes.

§ IV. — Bibliothèques russes.

Il est certain qu'à l'exception de quelques traités sur la religion en langue slavonne, il n'y avait en Russie aucun livre de sciences, et même presque pas l'ombre de littérature avant le czar Pierre I, qui, au milieu du tumulte extérieur des armes, fit fleurir les arts et les sciences dans le sein de ses états, et fonda plusieurs académies en différentes parties de son empire. Ce grand prince destina des sommes très-considérables à la fondation et à l'accroissement de la bibliothèque de son académie de Saint-Pétersbourg qui se compose de livres écrits sur tous les genres de sciences.

Cette bibliothèque, dont le nombre de volumes excède depuis peu de temps 40,000 n'était composée lors de sa fondation que de 2,500 volumes, que Pierre prit au siège de Mittaw. Elle contient beaucoup de pièces diplomatiques du règne de ce prince, et la collection la plus considérable qui soit en Europe de livres chinois, au nombre de 3,000, tous catalogués avec soin; on trouve en outre dans cette bibliothèque plusieurs manuscrits japonais, et quelques autres du Mogol et du Thibet.

La bibliothèque impériale, placée à l'Hermitage, contient 300,000 volumes; elle renferme les bibliothèques particulières de plusieurs hommes célèbres du dernier siècle, tels que Busching, Diderot, Voltaire, d'Alembert, etc. C'est à cette bibliothèque qu'a été réunie la bibliothèque Zalusky. (*Voy.* Pologne.)

On peut aussi placer parmi les bibliothèques remarquables de la Russie, celle du grand-duc Constantin, composée de 30,000 volumes, celle de l'Académie des Sciences, qui en contient 60,000, parmi lesquels plus de 3,000 chinois, mantschou, tangutschou, etc.; la bibliothèque du couvent de Newski, du corps des Cadets impériaux, de 12,000 volumes, et qui s'augmente tous les ans; celle de la Société économique; enfin, la bibliothèque de l'université, nouvellement fondée, riche déjà de 11,000 volumes.

Saint-Pétersbourg renferme encore plus de vingt bibliothèques particulières que l'on peut citer : telles sont celles des comtes Tschernichef, Schouvalof, Tscheremetef, Strogonof, Youssoupof, Boutourlin, de défunte la princesse de Detschkof, du conseiller intime Betzkoi, du prince Kourakin, du lieutenant-général de Klinger; ce dernier possède les meilleurs ouvrages littéraires, historiques, philosophiques et politiques, anglais, allemands, français et italiens, etc.

A Moscou, il y a deux bibliothèques : celle de l'université et celle du synode. Cette dernière est riche en manuscrits grecs du mont Athos; mais toutes deux ont éprouvé des pertes très-considérables à l'époque de l'incendie en 1812; elles viennent d'être heureusement réparées en 1826.

On doit encore remarquer celle de Demidof, celles de Kasan et d'Astracan; la dernière contient beaucoup de manuscrits persans et tartares; la bibliothèque de l'université de Dorpat, qui, avec les 6,000 volumes qu'elle doit à la générosité du grand-duc Constantin, en possède maintenant 30,000; les bibliothèque d'Abo, Wilna et Kharkof; celle de Riga qui, établie dans un bâtiment neuf et très-élégant, renferme des livres fort précieux. Chaque membre de la magistrature municipale est tenu, à son entrée en fonction, de faire présent d'un ouvrage à cette bibliothèque. On y garde une lettre originale de Luther aux magistrats de Riga, qui lui avaient demandé un prédicateur. Riga possède en outre deux bibliothèques, l'une appartenant aux écoles, l'autre à la cour de justice. On peut encore citer celle de Kief, au couvent des moines Pescherski; celle fondée par le patriarche Nikou, bâtie par lui, à Woskresmskoï, gouvernement de Moscou; enfin la belle bibliothèque du couvent Troitzkoi-Sergeief, à dix milles de Moscou.

§ V. — Bibliothèques polonaises.

La Pologne possède également des bibliothèques nombreuses et très-riches; celle de Varsovie, qui contient environ 70,000 volumes, dont la plupart sont modernes, est dirigée par le savant M. Lindé, correspondant de l'Institut de France. Chaque année, ce zélé bibliothécaire l'augmente de plusieurs milliers de volumes dont il fait l'acquisition aux ventes étrangères. Les bénédictins de Cîteaux et quelques autres couvens ayant été réformés en 1817, leurs biens furent réunis aux fonds des ecclésiastiques séculiers, et M. Lindé parcourut les bibliothèques de ces couvens pour y choisir les livres dont pouvait s'enrichir celle de l'université; on y fit alors transporter 50,000 volumes. Varsovie possède encore d'autres bibliothèques assez considérables, comme celle de la Société des amis des lettres, celle des Pères des missions et des Pères des écoles pieuses, et plusieurs autres que nous ne nommerons pas.

Depuis la renaissance des lettres en Pologne, plusieurs particuliers ont rassemblé aussi, à grands frais, de fort belles bibliothèques; on peut citer celle de M. Chreptowicz, chancelier du grand-duché de Lithuanie, qui a été transportée à Szezorsi, où elle est ouverte au public; celle de M. Dzialynski à Posen, etc.; mais celle de Palawy surpasse toutes celles que nous venons de désigner. La famille du prince Czartoryski n'épargna ni soins ni dépenses pour l'augmenter; elle vient d'acquérir, en 1819, pour 12,000 ducats de Hollande (dix mille louis), la bibliothèque de feu Thadée-Czacki, la plus riche en manuscrits historiques de la Pologne.

Cracovie possédait aussi une très-riche bibliothèque, décorée du nom de bibliothèque de la République ou de Zaluski, fondée et consacrée au public par deux frères de ce nom, en 1745; malheureusement depuis cette époque aucune somme n'a été destinée à l'augmenter et à l'entretenir. Dans le principe, elle consistait en 300,000 volumes, y compris 52,000 qui existaient en duplicata. Par la vente de ces doubles et par différentes autres circonstances, la collection fut réduite, en 1791, à 200,000 volumes. Après avoir été pillée à plusieurs reprises, elle fut envoyée par le général Suwarow à Saint-Pétersbourg, en 1795, réunie à celle de l'empereur, disposée dans trois pièces élégantes et ouverte au public depuis 1812.

§ VI. — Bibliothèques hollandaises.

La bibliothèque publique d'Amsterdam serait beaucoup plus utile si les livres y étaient arrangés avec plus d'ordre et de méthode ; mais, au contraire, il y règne une telle confusion , que si l'on demande un ouvrage quelconque , ce n'est qu'avec une peine extrême qu'on peut le trouver; la collection est au reste très-estimable.

Il y a dans les Pays-Bas plusieurs autres bibliothèques fort curieuses, telles que celles d'Anvers, de Gand , etc.

Il y a deux bibliothèques publiques à Leyde[1] : l'une fondée par Antoine Thisius; l'autre, qui est celle de l'université, lui a été donnée par Guillaume I, prince d'Orange. Ce qui rehausse son prix , ce sont les manuscrits grecs , hébraïques, chaldéens, syriaques, persans , arméniens et russiens, que Joseph Scaliger laissa à cette école, où il avait professé pendant plusieurs années. La Bible Complutensienne n'est pas un de ses moindres joyaux ; elle fut donnée par Philippe II, roi d'Espagne, au prince d'Orange qui en fit présent à l'université de la ville. Cette bibliothèque a été augmentée par celle de Holmannus , et surtout par celle du célèbre Isaac Vossius; cette dernière contenait un grand nombre de manuscrits pro-

[1] M. Hamakers a donné le catalogue des manuscrits orientaux de la bibliothèque de l'académie de Leyde, in-8°, 1820.

venant, à ce qu'on croit, du cabinet de la reine Christine de Suède.

§ VII. — Bibliothèques allemandes.

L'Allemagne honore et cultive trop les lettres, pour n'être pas fort riche en bibliothèques. On compte, parmi les plus considérables, celles de Francfort-sur-l'Oder, de Leipsick, de Dresde[1], d'Augsbourg. Mais la plus intéressante, sans contredit, est celle de l'empereur, à Vienne[2]; elle contient plus de 330,000 volumes: il y a un nombre prodigieux de manuscrits grecs, hébraïques, arabes, turcs et latins. Lambatius en a publié le catalogue, et gravé les figures des manuscrits; mais, malgré les soins et le travail de l'artiste, elles n'intéressent que faiblement. Cette bibliothèque, fondée par l'empereur Maximilien en 1480, remplit huit grands appartemens, auprès desquels en est un neuvième consacré aux médailles et aux curiosités, dont la plus remarquable est un grand bassin d'émeraude. Cette bibliothèque vient de s'enrichir de celle du feu prince Eugène, qui était considérable.

Vienne renferme en outre sept bibliothèques publiques; celle de l'université contient 108,000 volumes; celle nommée Thérésienne, 30,000 : le nombre des

[1] M. Adolphe Ebert vient d'en donner une description très-détaillée.

[2] M. Léon en a donné un précis historique en 1820, in-8°.

livres que possèdent les autres n'est pas exactement connu.

La bibliothèque de Munich a 400,000 volumes; celle de Goettingen (l'une des mieux choisies) en contient 280,000, 110,000 discours et dissertations académiques, et 5,000 manuscrits; celle de Wolfenbuttel, augmentée de celles de Marquardus Freherus, de Joachim Cluten, et d'autres collections précieuses, possède 109,000 volumes, la plupart anciens, 40,000 dissertations et 4,000 manuscrits; celle de Stuttgard a 170,000 volumes et 12,000 bibles. Berlin a sept bibliothèques publiques, au nombre desquelles est la bibliothèque du roi, fondée par Frédéric-Guillaume, électeur de Brandebourg. Elle a été considérablement augmentée par l'addition que l'on y fit de celle du célèbre Spanheim. On y trouve, entre autres curiosités, plusieurs manuscrits ornés d'or et de pierreries du temps de Charlemagne; elle contient 160,000 volumes: celle de l'académie est aussi à citer; elle en possède 30,000. La bibliothèque de Prague a 110,000 vol.; celle de Gratz, 105,000; celle de Francfort-sur-le-Mein, 100,000; celle de Hambourg, 100,000; celle de Breslaw, 100,000; celle de Weimar, 95,000; celle de Mayence, 90,000; celle de Darmstadt, 85,000; celle de Cassel, 60,000; celle de Newburg en Autriche, 25,000; celle d'Augsbourg, 24,000; celle de Meiningen, 24,000; celle de Saltzbourg, 20,000; celle de Magdebourg, 20,000; celle de Halle, 20,000. Trente villes d'Allemagne, dont nous venons de nommer les principales, possèdent, dans leurs bibliothèques publiques, au-delà de trois millions d'ouvrages ou volumes imprimés, sans compter les discours académiques, les mémoires détachés, les brochures politiques et les manuscrits.

Il vient de s'établir à Erfurt une bibliothèque dont le but est d'instruire les enfans des parens qui n'ont pas le moyen de se procurer des livres; c'est un cabinet de lecture pour la classe pauvre, formé par une société d'amis de la jeunesse, qui a réuni une collection de bons livres qu'elle prête aux enfans, sous la responsabilité de leurs parens, à raison de cinq centimes le volume. Le produit de cette modique rétribution est employé aux petites dépenses de l'établissement et à l'achat de nouveaux livres, etc.

Une autre bibliothèque, qui est publique depuis 1820, a été formée à Dessau; plusieurs dépôts de livres qui étaient dans les divers châteaux du duc de Dessau, ou qui appartenaient aux colléges et écoles dépendans de ce prince, y ont été réunis. Le duc régnant, Léopold-Frédéric, avait chargé son conseiller intime, M. de Rede, d'en diriger la formation; M. Müller, connu dans le monde littéraire, en a été depuis nommé le bibliothécaire.

§ VIII. — Bibliothèques suisses.

La Suisse possède aussi quelques bibliothèques : celle de Bâle mérite d'être citée. On y voit un manuscrit du Nouveau-Testament en lettres d'or, dont Erasme fit grand usage pour corriger la version de ce saint livre. Bâle possède aussi les bibliothèques d'Érasme, d'Amesbach et de la Flèche.

Le 1er janvier 1812, la bibliothèque publique d'Hérisau fut détruite par un incendie. Grâce à l'esprit public de citoyens dignes de ce nom, elle renaît de ses cendres.

La bibliothèque publique de Schaffhouse, fondée et augmentée avec très-peu de moyens, assez riche en ouvrages des 15e et 16e siècles, a reçu depuis peu un accroissement considérable. Elle a fait l'acquisition de la bibliothèque du grand historien de la Suisse, Jean de Müller ; deux autres bibliothèques particulières lui ont été léguées par testament : l'une par Jean-Christophe Jetzler, et l'autre par le professeur Jean-George Müller, frère de l'historien. Le catalogue de la bibliothèque de Schaffhouse vient d'être imprimé pour la première fois (en 1824, in-8o de 574 pages) ; mais sa disposition laisse beaucoup à désirer. On y a suivi l'ordre alphabétique, abrégé les titres des ouvrages, et rangé pêle-mêle les manuscrits et les livres imprimés. Un usage plus habituel de cette bibliothèque fera sans doute sentir la nécessité de ranger cette collection par ordre méthodique. Une autre bibliothèque a été fondée en la même ville par la Société d'économie rurale.

Outre la bibliothèque publique de Berne, il en existe depuis long-temps une autre connue sous le nom de Bibliothèque des Prédicateurs.

Lausanne possède une bibliothèque formée au moyen de contributions annuelles ou d'abonnemens.

Dans un village du canton de Saint-Gall, il a été formé un établissement qui a pour objet de faire circuler des livres destinés à propager l'esprit public, l'amour de la patrie et les vertus civiques dont les Suisses s'enorgueillissent avec tant de raison. Ces lectures ont déjà fait diminuer dans la commune ce nombre de mauvais ouvrages livrés à l'avidité du peuple ; elles neutralisent les poisons colportés par d'ineptes marchands d'almanachs, de chansons indécentes et de petits traités remplis de toutes les absurdités d'une ridicule dévotion.

§ IX. — Bibliothèques italiennes.

L'Italie, si fertile en écrivains distingués et si passionnée pour les lettres, doit nécessairement renfermer dans son sein un grand nombre de bibliothèques qui, par leur composition, offrent un aliment journalier au goût naturel des Italiens pour la littérature.

Venise a une célèbre bibliothèque, qu'on nomme communément la bibliothèque de Saint-Marc, où l'on conserve l'Evangile de ce saint, écrit, à ce qu'on prétend, de sa propre main, et qui, après être long-temps resté à Aquilée, où ce saint évangéliste prêcha la foi, fut de là porté à Venise; mais dans le vrai, il n'y en a que quelques cahiers, et encore d'une écriture si effacée, qu'on ne peut distinguer si c'est du grec ou du latin : cette bibliothèque est d'ailleurs fort riche en manuscrits. Celles que le cardinal Bessarion et Pétrarque léguèrent à la république, sont aussi dans la même ville, et réunies à celle que le sénat a fondée à l'hôtel de la Monnaie.

Padoue est riche en bibliothèques; en effet, cette ville a toujours été célèbre par son université, et par le grand nombre de savans à qui elle a donné naissance; on y voit la bibliothèque de Saint-Justin, celle de Saint-Antoine et celle de Saint-Jean-de-Latran. Sixte de Sienne dit qu'il a vu dans cette dernière une copie de l'épître de saint Paul aux peuples de Laodicée, et qu'il en fit même un extrait.

La bibliothèque de Padoue fut fondée par Pignorius : Thomazerius nous en a donné un catalogue dans son ouvrage intitulé : *de Bibliothecâ.*

Il y en a une magnifique à Ferrare, où l'on voit grand nombre de manuscrits anciens, et d'autres monumens curieux de l'antiquité, comme des statues, des tableaux et des médailles de la collection de Pierre Ligorius, célèbre architecte, et l'un des plus savans de son siècle.

On prétend que dans celle des Dominicains à Bologne, on voit le Pentateuque écrit de la main d'Esdras. Tissard, dans sa Grammaire hébraïque, dit l'avoir vu souvent, et très-bien écrit sur une seule grande peau; mais Hottinger prouve clairement que ce manuscrit n'a jamais été d'Esdras.

A Naples, il y a une belle bibliothèque où sont recueillis les ouvrages de Pontamos, dont sa fille Eugénie fit don à cette bibliothèque pour immortaliser la mémoire de son père.

La bibliothèque de Saint-Ambroise, à Milan, fut fondée par le cardinal Frédéric Borromée; elle possède plus de dix mille manuscrits recueillis par Antoine Oggiati; quelques-uns disent qu'elle fut enrichie aux dépens de celle de Pinelli; on peut dire qu'elle n'est inférieure à aucune de celles dont nous venons de parler, puisqu'elle contient plus de 46,000 volumes imprimés et au-delà de 12,000 manuscrits, sans compter ce qu'on y a ajouté depuis: elle est publique.

La bibliothèque du duc de Mantoue peut être mise au nombre des bibliothèques les plus curieuses du monde. Elle souffrit beaucoup à la vérité pendant les guerres d'Italie qui éclatèrent en 1701, et sans doute elle fut transportée à Vienne. Une des plus précieuses curiosités de cette bibliothèque, était la fameuse plaque de bronze couverte de chiffres égyptiens et d'hiéroglyphes, dont le savant Pignorius a donné l'explication.

La bibliothèque de Florence contient tout ce qu'il y a de plus brillant, de plus curieux et de plus instructif; elle renferme un nombre prodigieux de livres et de manuscrits les plus rares en toutes sortes de langues : quelques-uns sont d'un prix inestimable. On y admire une quantité innombrable de statues, de médailles, de bustes, et d'autres monumens de l'antiquité. Le *Muséum florentinum* peut seul donner une juste idée de ce magnifique cabinet; et la description de la bibliothèque mériterait seule un volume à part. Il ne faut pas oublier le manuscrit qui se conserve dans la chapelle de la cour ; c'est l'Évangile de saint Jean, qui, à ce qu'on prétend, est écrit de sa propre main. Cette bibliothèque consiste en 90,000 volumes et 3,000 manuscrits.

Il y a encore à Florence d'autres bibliothèques très-remarquables, et qui renferment un grand nombre de manuscrits hébraïques, grecs et latins.

Pise possède une très-belle bibliothèque qu'on dit avoir été enrichie de 8,000 volumes, qu'Alde Manuce légua à l'académie de cette ville.

La bibliothèque du roi de Sardaigne, à Turin, est très-curieuse; elle est fière, si nous pouvons nous exprimer ainsi, de posséder les manuscrits du célèbre Pierre Ligorius, qui dessina toutes les antiquités de l'Italie.

Le pape Nicolas V fonda une bibliothèque à Rome, composée de six mille volumes des plus rares : quelques-uns disent qu'elle fut formée par Sixte-Quint, parce que ce pape ajouta beaucoup à la collection commencée par Nicolas. Il est vrai que les livres de cette bibliothèque furent dispersés sous le pontificat de Calixte III, qui succéda au pape Nicolas; mais elle fut rétablie par Sixte IV, Clément VII, et Léon X. Elle fut presque entièrement détruite par l'armée de Charles V, lors du siége et de la prise de Rome par le connétable de Bourbon et Philibert, prince d'Orange*, qui saccagèrent Rome avant le pontificat de Sixte-Quint, en 1537.

Ce pape, qui aimait les savans et les lettres, non-seulement rétablit la bibliothèque dans son ancienne splendeur, mais il l'enrichit encore d'un grand nombre de livres et d'excellens manuscrits. Elle ne fut pas fondée au Vatican par Nicolas V, mais elle y fut transportée par Sixte IV, et ensuite à Avignon, en même temps que le saint-siége, par Clément V; de là elle fut rapportée au Vatican sous le pontificat de Martin V, et augmentée sous ses successeurs.

Outre le grand nombre d'excellens livres qui font l'ornement de la bibliothèque du Vatican, au nombre de 400,000 volumes, il y a encore plus de 50,000 manuscrits.

Il n'existe pas de catalogue imprimé de cette bibliothèque, qui est disposée dans une galerie de 214 pieds de long sur 48 de large, et dans d'autres appartemens magnifiquement décorés par les peintres les plus habiles. Elle est divisée en trois parties : l'une d'elles est publique, et tout le monde peut y aller deux jours de la semaine; les autres sont d'un accès plus difficile.

Il y a plusieurs autres bibliothèques considérables dans la ville : celle de Barberini contient 60,000 volumes et plusieurs milliers de manuscrits. La bibliothèque Colona est aussi à remarquer par 400 volumes de livres et de gravures du XVe siècle. A la bibliothèque du collége de Rome, se trouvent réunis la bibliothèque et le muséum du célèbre Kircher.

Quelques-uns rapportent que Clément VIII augmenta considérablement cette bibliothèque, tant en livres imprimés qu'en manuscrits, en quoi il fut aidé par Fulvius Ursinus. On ajoute que Paul V l'enrichit des manuscrits du cardinal Alteni, et d'une partie de la bibliothèque Palatine; et qu'Urbain VIII fit apporter, du collége des Grecs de Rome, un grand nombre de livres grecs au Vatican, dont il créa Léon Allatius bibliothécaire.

§. X. — Bibliothèques espagnoles.

La première, et la plus considérable des bibliothèques d'Espagne, est celle de l'Escurial, au couvent de Saint-Laurent, fondée par Charles V, mais considérablement augmentée par Philippe II. Les ornemens de cette bibliothèque sont fort beaux; la porte en est d'un travail exquis, et le pavé de marbre; les tablettes, sur lesquelles les livres sont rangés, sont peintes d'une infinité de couleurs, et façonnées toutes en bois des Indes; les livres sont superbement dorés; il y a cinq rangs d'armoires, les unes au-dessus des autres, où les livres sont gardés; chaque rang a cent pieds de long. On y voit les portraits de Charles V, Philippe II, Philippe III et Philippe IV; et plusieurs globes, dont l'un représente, avec beaucoup de précision, le cours des astres. Il y a un nombre infini de manuscrits dans cette bibliothèque, et entre autres l'original du livre de saint Augustin sur le baptême; quelques-uns pensent que les originaux de tous les ouvrages de ce Père de l'église sont à la bibliothèque de l'Escurial, Philippe II les ayant achetés de celui au sort de qui ils tombèrent, lors du pillage de la bibliothèque de Muley Cydam, roi de Fez et de Maroc, quand les Espagnols prirent la forteresse de Carache, où était cette bibliothèque; c'est du moins ce qu'assure Pierre Daviti, dans sa généalogie des rois de Maroc, où il dit que cette bibliothèque contenait plus de 4,000 volumes arabes, sur différens sujets, et qu'ils furent portés à Paris pour y être vendus; mais que les Parisiens, n'ayant pas de goût pour cette langue, ils furent ensuite portés à Madrid, où Philippe II les acheta pour la bibliothèque de l'Escurial.

Cette bibliothèque renferme 130,000 volumes imprimés, et près de 4,300 manuscrits arabes, grecs et hébreux, dont Hottinger a donné le catalogue; il y a aussi nombre de manuscrits latins; en un mot, c'est une des plus belles bibliothèques du monde.

Quelques-uns prétendent qu'elle a été augmentée des livres du cardinal Sirlet, archevêque de Saragosse, et de ceux d'un ambassadeur espagnol, ce qui l'a portée au degré de splendeur où elle est parvenue; malheureusement la plus grande partie en fut brûlée par le tonnerre, en 1670.

La bibliothèque royale de Madrid, fondée par Philippe V en 1712, et augmentée par les monarques qui lui ont succédé, contient maintenant plus de 200,000 volumes imprimés, sans compter un grand nombre de manuscrits arabes fort précieux. Cette bibliothèque est ouverte au public à des heures fixes, tous les jours de la semaine. Celle de San-Isidoro contient 60,000 volumes; elle est aussi ouverte au public tous les jours de la semaine. La bibliothèque de San-Fernando est ouverte au public trois jours de la semaine. On voit, par l'exemple de l'Espagne, qu'un pays peut avoir beaucoup de livres et fort peu de lumières.

M. Gomez de la Coursina, et d'autres écrivains, viennent d'être chargés par le roi de la rédaction d'un dictionnaire biographique, devant contenir des notices sur tous les Espagnols qui se sont rendus célèbres depuis les temps les plus reculés de la monarchie jusqu'à la fin de 1819. Des ordres ont été donnés pour que les archives et les bibliothèques du royaume fussent ouvertes aux rédacteurs de ce dictionnaire.

Il y avait anciennement une magnifique bibliothèque dans la ville de Cordoue, fondée par les Maures, avec une célèbre académie où l'on enseignait toutes les sciences en arabe; elle fut pillée par les Espagnols, lorsque Ferdinand chassa les Musulmans d'Espagne où ils régnaient depuis plus de 600 ans.

Ferdinand Colomb, fils de Christophe Colomb, qui découvrit le premier l'Amérique, fonda une très-belle bibliothèque, en quoi il fut aidé par le célèbre Clénard.

Ferdinand Nonius, qu'on prétend avoir le premier enseigné le grec en Espagne, fonda aussi une grande et curieuse bibliothèque, dans laquelle il y avait beaucoup de manuscrits grecs qu'il acheta fort cher en Italie; d'Italie, étant venu en Espagne où il enseigna le grec et le latin à Alcala de Henarès, et ensuite à Salamanque, ce savant fit don de sa bibliothèque à l'université de cette ville.

L'Espagne fut encore enrichie de la magnifique bibliothèque du cardinal Ximénès à Alcala, où il fonda aussi une université qui est devenue si célèbre dans la suite. C'est au même cardinal qu'on doit la version espagnole de la Bible connue sous le nom de la Complutensienne.

Il y avait aussi plusieurs belles bibliothèques particulières; telles étaient celles d'Arias Montanus, d'Antonius, savant archevêque de Tarragone, de Michel Tomasius et autres dont l'énumération serait trop longue.

§ XI. — Bibliothèques portugaises.

La naissance de la littérature en Portugal remonte au règne de Denis, sixième roi de cette monarchie. Ce prince, supérieur à l'ignorance qui régnait en Europe dans ces temps reculés, encouragea de tout son pouvoir la poésie et les belles-lettres. Sous son règne, vécut Vasco de Lobera qui passe pour le premier auteur du célèbre roman de l'Amadis des Gaules. Dans les temps modernes, Saa do Miranda s'est distingué par ses pastorales. Le Portugal a enfanté aussi quelques historiens qui jouissent d'une certaine réputation; les plus célèbres sont Joao de Barros, François-Louis de Sousa, le vénérable Barthélemi de Quartal et le comte d'Ericeira; mais le littérateur le plus renommé, celui qui fut et sera un des plus remarquables ornemens de la gloire littéraire de ce pays, est le Camoëns. Pédro Nunez se fit aussi un nom dans les mathématiques dès le commencement du seizième siècle. Assez récemment, on a commencé à étudier l'histoire naturelle; et déjà les Éphémérides et Observations astronomiques de Coimbre sont estimées de toute l'Europe[1].

Au reste, si les bibliothèques du Portugal sont moins nombreuses et moins remarquables que celles des autres pays de l'Europe, nous ferons observer que n'ayant été pendant fort long-temps qu'une simple province de l'Espagne, et ayant eu ensuite à combattre souvent pour repousser l'envahissement de la domination usurpatrice à laquelle il venait de se soustraire, il ne serait pas surprenant que le Portugal ait cherché à remédier aux maux inévitables de la guerre avant d'avoir pensé à faire des collections de livres

[1] Link. Murphy, etc.

ou de curiosités. Cependant qu'on ne regarde pas comme une preuve de mépris pour les lettres l'impuissance présumable où les Portugais ont été de former des bibliothèques, véritables sanctuaires de la littérature et des arts : le pays qui a donné naissance au Camoëns pourrait-il être soupçonné de mépriser les lettres et les livres!

Tout ce que nous pouvons dire, c'est qu'il existe dans le palais du Roi, à Lisbonne, une bibliothèque enrichie d'un très-grand nombre de bons livres, rangés dans des cabinets de noyer; elle fut commencée dans le XVe siècle, par les soins du roi Alphonse V.

CHAPITRE QUATRIÈME.

FRANCE.

Le grand nombre de savans et d'hommes versés dans les différens genres de littérature, qui ont de tout temps fait regarder la France comme une des nations les plus eclairées, ne laisse aucun lieu de douter qu'elle ait été aussi la plus riche en bibliothèques; on ne s'y est pas contenté d'entasser des livres, on les a choisis avec goût et discernement. Les auteurs les plus accrédités ont rendu ce témoignage honorable aux bibliothèques de nos premiers aïeux. Ceux qui voudraient en douter, en trouveront des preuves incontestables dans l'*Histoire littéraire de la France*, par les RR. PP. Bénédictins, ouvrage où règne la plus profonde érudition. Nous pourrions faire ici une longue énumération de ces anciennes bibliothèques; mais nous nous contenterons d'en nommer quelques-unes. La plus riche et la plus considérable était celle que possédait Tonance Ferréal, dans sa belle maison de Prusianne, sur les bords de la rivière du Gardon, entre Nîmes et Clermont en Auvergne. Le choix et l'arrangement de cette bibliothèque faisaient voir tout à-la-fois le bon goût de ce seigneur, et son amour pour l'exactitude et la symétrie. Elle était partagée en trois classes avec beaucoup d'art : la première était composée des livres de piété à l'usage du sexe dévot, rangés aux côtés des siéges destinés aux dames ; la seconde contenait des livres de littérature, et servait aux hommes; enfin, dans la troisième classe étaient les livres communs aux deux sexes. Il ne faut pas s'imaginer que cette bibliothèque fût seulement un vain mobilier de luxe et d'ostentation, les personnes qui se trouvaient dans la maison en faisaient un usage réel et journalier.

Chaque monastère avait aussi dans son établissement une bibliothèque, et un moine préposé à sa garde et à sa conservation ; c'est ce que portait la règle de Tarnot et celle de S. Benoît. Rien, dans la suite des temps, ne devint plus célèbre que les bibliothèques des moines; on y conservait les livres de plusieurs siècles, dont on avait soin de renouveler les exemplaires ; et sans ces tabernacles de la littérature, il ne nous resterait guère d'ouvrages des anciens ; c'est de là, en effet, que sont sortis presque tous ces excellens manuscrits qu'on voit aujourd'hui en Europe, et dont l'imprimerie, depuis sa naissance, a répandu de si nombreuses et de si utiles copies qui, peu à peu, ont servi à propager les lumières dans toutes les classes de la société.

Dès le sixième siècle on commença, dans quelques monastères, à substituer au travail pénible de l'agriculture, l'occupation de copier les anciens livres et d'en composer de nouveaux. C'était l'emploi le plus ordinaire, et même l'unique, des premiers cénobites de Marmoutier. Alors un monastère qui n'aurait pas eu de bibliothèque, aurait été regardé comme un fort ou un camp dépourvu des armes les plus nécessaires à sa défense. Il nous reste encore de précieux monumens de cette sage et utile occupation, qui était devenue comme une règle dans les abbayes de Cîteaux et de Clairvaux, ainsi que dans la plus grande partie des abbayes de l'ordre de S. Benoît.

Les plus célèbres bibliothèques des derniers temps ont été celles de M. de Thou, de M. Le Tellier, archevêque de Reims, de Butteau, fort riche en livres sur l'histoire de France, de Coissin, abondante en manuscrits grecs, de M. Baluze, de M. Dufay, du cardinal Dubois, de Colbert, du comte d'Hoyne, du Maréchal d'Estrées, de MM. Bigot, Danty-d'Isnard, Turgot de Saint-Clair, Burette, et de l'abbé de Rothelin : quelques-unes de ces bibliothèques ont été réunies à celle du roi.

Nous avons encore aujourd'hui un grand nombre de belles bibliothèques, qui ne le cèdent en rien à celles que nous venons de nommer.

Après avoir parlé des principales bibliothèques connues dans le monde, nous consacrerons les derniers chapitres de ces notices à la description des bibliothèques qui sont un si bel ornement de la capitale; nous nous arrêterons principalement sur celle du roi, la plus riche et la plus magnifique qui ait jamais existé. L'origine en est assez obscure : formée d'abord de quelques volumes, ce n'est qu'après une longue suite d'années, et de nombreuses recherches, qu'elle est enfin parvenue à ce degré de magnificence et à cette espèce d'immensité qui éterniseront à jamais l'amour de nos rois pour les lettres, et la protection éclatante que leurs ministres leur ont si souvent accordée.

§ I. — BIBLIOTHÈQUE DU ROI,

RUE DE RICHELIEU.

Conservateurs-administrateurs des livres imprimés :

MM. Van-Praet, ✻ De Manne ;
Barbié-Vémars, conservateur-adjoint.

Pour les manuscrits :

MM. Dacier, O. ✻ pour les manuscrits en langues modernes ;
Gail, ✻ pour les manuscrits en langues grecque et latine ;
Abel-Remusat, pour les manuscrits en langues orientales.

Des médailles antiques et pierres gravées :

MM. GOSSELLIN, RAOUL-ROCHETTE, O. ❋ à la Bibliothèque.

Des estampes et planches gravées :

M. JOLY, ❋ à la Bibliothèque.
MM. DEBURE, libraires du Roi, rue Serpente, n° 17.

Cette bibliothèque est ouverte tous les jours, excepté le dimanche, de 10 à 2 heures, et pour les curieux, les mardis et vendredis, aux mêmes heures; elle est en vacance depuis le 1er septembre jusqu'au 16 octobre.

Cette blibliothèque royale n'obtint réellement une consistance honorable, et un haut degré d'utilité, que sous le règne de Louis XIV.

Le roi Jean avait une bibliothèque peu nombreuse; elle se composait de huit à dix volumes : tels étaient *la traduction de la moralité des échecs, un dialogue sur les substances, la traduction des trois décades de Tite-Live, des fragmens d'une version de la Bible, un volume des guerres de la Terre-Sainte, et trois ou quatre livres de dévotion.*

Charles V, son successeur, qui aimait la lecture, et qui fit faire plusieurs traductions, porta sa collection jusqu'à neuf cent dix volumes; ils étaient placés dans une tour du Louvre [1], appelée la Tour de la librairie;

[1] Il avait fait mettre dans une salle trente chandeliers et une lampe d'argent pour éclairer tous ceux qui voudraient y venir travailler.

Gilles *Mallet*, valet-de-chambre, puis maître-d'hôtel du roi, eut la garde de ces livres, et en composa en 1373 un inventaire encore conservé à la bibliothèque royale; ils consistaient en livres d'église, de prières, de miracles, de vies de saints, et surtout en traités d'astrologie, de géomancie, etc.

Après la mort de Charles V, dit le Sage, arrivée en 1380, cette collection de livres fut en partie dispersée et enlevée par des princes ou officiers de la cour. Deux cents volumes du premier inventaire manquèrent; mais comme le roi recevait de temps en temps quelques présens de livres qui réparaient un peu les pertes causées par ces vols, la bibliothèque se trouva encore composée, en 1423, d'environ huit cent cinquante volumes.

Cette collection disparut à l'époque que le duc de Bedford, en qualité de régent de France, séjournait à Paris. Ce prince anglais, en 1429, l'acheta tout entière pour la somme de 1,200 livres; il paraît qu'il en fit transférer une partie en Angleterre. Ces volumes étaient pour la plupart enrichis de miniatures, couverts de riches étoffes, et garnis de fermoirs d'or ou d'argent.

Louis XI rassembla les volumes que Charles V avait répartis dans diverses maisons royales, y joignit les livres de son père, ceux de Charles son frère, et, à ce qu'il paraît, ceux du duc de Bourgogne. L'imprimerie, qui commença sous son règne à être en usage, favorisa l'accroissement de sa bibliothèque.

Louis XII fit transporter au château de Blois les volumes que ses deux prédécesseurs, Louis XI et Charles VIII, avaient rassemblés au Louvre, où se trouvaient les commencemens d'une précieuse collection de livres, dont plusieurs provenaient de ceux que le duc de Bedford avait tirés de la Tour du Louvre, pour les transférer en Angleterre. Charles VIII avait réuni à la bibliothèque royale celle des rois de Naples: Louis XII l'augmenta de celle que les ducs de Milan possédaient à Pise.

François Ier, en 1544, avait commencé une bibliothèque à Fontainebleau; il l'accrut considérablement en y transférant les livres que Louis XII avait réunis à Blois.

Cette bibliothèque de Blois, dont on fit alors l'inventaire, se composait d'environ 1,890 volumes, dont 109 imprimés, et 38 ou 39 manuscrits grecs, apportés de Naples à Blois par le célèbre Lascaris.

François Ier enrichit de plus la bibliothèque de Fontainebleau d'environ 60 manuscrits grecs, que Jérôme Fondul acheta par ses ordres dans les pays étrangers. Jean de Pins, Georges d'Armagnac et Guillaume Pelliciers, ambassadeurs à Rome et à Venise, achetèrent pour le compte de ce roi tous les livres grecs qu'ils purent trouver. Deux cent soixante volumes en cette langue furent, d'après le catalogue dressé en 1544, le résultat de ces acquisitions.

Depuis, François Ier envoya dans le Levant Guillaume Postel, Pierre Gilles et Juste Tenelle. Ils en rapportèrent 400 manuscrits grecs et une quarantaine de manuscrits orientaux.

La bibliothèque de Fontainebleau s'accrut encore des livres du connétable de Bourbon, dont François Ier confisqua tous les biens. Malgré cet accroissement, les manuscrits grecs dans cette bibliothèque l'emportaient sur les livres français, dont le nombre n'excédait pas 70 volumes. Il faut attribuer cette préférence, moins au goût de ce roi qui n'entendait pas le grec, qu'à celui de ses savans bibliothécaires, Guillaume Budé, Pierre du Chastel ou Castellanus, Mellain de Saint-Gellais et Pierre de Montdoré.

Henri II, en 1556, d'après les insinuations de Raoul Spifame, rendit une ordonnance qui serait devenue très-profitable, si on l'eût exactement observée. Elle enjoignait aux libraires de fournir aux bibliothèques royales un exemplaire en vélin et relié, de tous les livres qu'ils imprimeraient par privilége.

Le cardinal de Lorraine ayant fait emprisonner à la Bastille Aimar de Rançonnet, premier président au parlement de Paris, qui y mourut de douleur en 1559, la bibliothèque de ce magistrat fut confisquée et réunie à la bibliothèque royale.

Pierre de Montdoré, qui en était alors le bibliothécaire, forcé de l'abandonner quelques années après, en 1567, en mourut de chagrin.

Amyot le remplaça, et rendit quelques services aux gens de lettres, en leur communiquant des manuscrits. Il paraît qu'avant lui cette bibliothèque ne servait qu'à ceux qui en avaient la garde.

Pendant la Ligue, elle éprouva plusieurs pertes fâcheuses. Dans une note, que Jean Gosselin, qui en avait alors la garde, écrivit sur un manuscrit, intitulé *Marguerite historiale*, par Jean Massuë, on lit: *que le président de Nully, fameux ligueur, se saisit, en 1593, de la librairie du roi, en fit rompre les murailles, et la garda jusqu'à la fin de mars 1594; et que, pendant cet espace de temps, on enleva le premier cahier du manuscrit (dont je viens de donner le titre); que Guillaume Rose, évêque de Senlis, et Pigenat, autres furieux ligueurs, firent, dans un autre temps, plusieurs tentatives pour envahir la bibliothèque royale, qu'ils en furent empêchés par le président Brisson, à la sollicitation de lui, Gosselin.*

Henri IV, devenu maître de Paris, ordonna, par lettres patentes du 14 mai 1594, que la bibliothèque de Fontainebleau serait transférée à Paris, et déposée dans les bâtimens du collége de Clermont que les Jésuites venaient d'évacuer; mais cet ordre ne fut exécuté qu'au mois de mai 1595. La bibliothèque royale fut alors recueillie dans les salles de ce collége.

Elle s'augmenta, vers cette époque, d'un grand nombre de livres précieux. Catherine de Médicis avait laissé une collection de manuscrits hébreux, grecs, latins, arabes, français, italiens, au nombre de plus de 800. Cette collection provenait de la succession du maréchal Strozzi, qui l'avait achetée après la mort du cardinal Ridolfi, neveu du pape Léon X. Catherine se l'appropria sous le prétexte que ces livres provenaient de la bibliothèque des Médicis. Après sa mort, ils étaient restés en dépôt chez Jean-Baptiste Benivieni, abbé de Bellebranche, aumônier et bibliothécaire de cette reine. Henri IV ordonna l'acquisition de cette collection : trois commissaires en firent, en mars 1597, l'estimation, et la portèrent à la somme de cinq mille quatre cents écus. Les créanciers de cette défunte reine mirent opposition à cette vente, et l'abbé de Bellebranche étant venu à mourir dans cette entrefaite, les ordres du roi, quelque pressans qu'ils fussent, ne furent suivis qu'avec beaucoup de lenteur. Henri IV mandait à M. de Thou, son bibliothécaire, le 4 novembre 1595 : « *Je vous ai ci-devant écrit pour retirer des mains* » *du neveu du feu abbé de Bellebranche, la librairie* » *de la feue reine, mère du roi, mon seigneur, ce* » *que je vous prie et commande encore un coup de* » *faire, si jà ne l'avez fait, comme chose que je dé-* » *sire et affectionne et veux, afin que rien esgare,* » *et que vous la fassiez mettre avec la mienne.* » *Adieu!* »

Deux arrêts du parlement, l'un du 25 janvier, l'autre du dernier jour d'avril 1599, ordonnèrent la remise de cette collection et sa translation au collége de Clermont.

Les RR. PP. Jésuites ayant été rappelés, en 1604,

on leur rendit leur collége de Clermont, et on transféra la bibliothèque du roi dans une salle du cloître du couvent des Cordeliers. Ces livres étaient alors sous la garde de Casaubon.

Suivant toujours avec ardeur ses idées quand elles avaient rapport à une amélioration générale, Henri IV s'occupait de placer plus convenablement cette riche bibliothèque. Le 23 décembre 1609, il nomma quatre commissaires, le cardinal du Perron, le duc de Sully, le président de Thou et un Conseiller du parlement, qu'il chargea de visiter les colléges de Tréguier et de Cambrai, dans l'intention de les supprimer et de placer la bibliothèque dans leurs bâtimens. « *A la » place desdits colléges,* dit l'Étoile, *S. M. en veut » faire édifier un autre plus magnifique, qui sera ap- » pelé collége royal, dans lequel sera mise la biblio- » thèque du roi*[1]. » La mort imprévue de ce bon roi laissa ce projet sans exécution : cette bibliothèque resta dans le couvent des Cordeliers.

Sous Louis XIII, la bibliothèque royale fut enrichie des livres de Philippe Hurault, évêque de Chartres, au nombre de 118 volumes, dont 100 manuscrits grecs ; de ceux du sieur de Brèves, ambassadeur à Constantinople, qui consistaient en 108 beaux manuscrits syriaques, arabes, persans, turcs, qui avaient été acquis et payés par le roi pour faire partie de sa bibliothèque ; mais le cardinal de Riche-

[1] Journal de Henri IV, 23 décembre 1609.

lieu substituant sa volonté à celle de son maître, s'empara de cette collection, ainsi que de la bibliothèque de la Rochelle dont il composa la sienne qu'il légua à la Sorbonne.

Sous le même règne, la bibliothèque du roi, restée au couvent des Cordeliers, fut transférée dans une grande maison appartenant à ces religieux, et située rue de la Harpe, au-dessus de l'église Saint-Côme; les deux frères Pierre et Jacques Dupuy en furent nommés les gardiens, et Jérôme Bignon, grand maître : elle consistait alors dans environ 16,746 volumes, tant imprimés que manuscrits.

Sous le règne de Louis XIV et sous le ministère de Colbert, cette bibliothèque acquit une consistance et des richesses qu'elle n'avait jamais eues; et, pour la première fois, rendue accessible au public, elle favorisa puissamment les progrès des connaissances humaines. Elle s'accrut des livres du comte de Béthune, formant un nombre de 1,923 volumes manuscrits, dont plus de 950 remplis de lettres et de pièces originales sur l'histoire de France.

Vers 1662, elle acquit encore la bibliothèque d'Antoine de Loménie de Brienne, composée aussi de manuscrits sur l'histoire de France; et à peu près dans le même temps, elle s'augmenta de plus de celle de Raphaël Trichet, Sieur Dufresne, composée de neuf à dix mille volumes imprimés, d'une quarantaine de manuscrits grecs, de cent manuscrits latins et italiens, etc.;

D'un recueil immense de pièces sur le cardinal Mazarin, en 536 volumes (Mazarinades);

Du cabinet des médailles du Louvre, collection très-remarquable par ses raretés, ses antiquités et ses pierres précieuses, parmi lesquelles on remarquait des pièces, et ornemens en or trouvés près de Tournay, dans un tombeau qu'on a cru être celui de Childéric;

Du cabinet de médailles dont Jean-Baptiste Gaston, duc d'Orléans, fit présent au roi en 1660, ainsi que de ses livres et de ses manuscrits, etc.;

Du grand recueil des estampes de l'abbé de Marolles, contenant 224 volumes in-folio;

Des livres du sieur Carcavi, dont en 1667 Colbert fit l'acquisition;

De plusieurs livres que ce ministre faisait acheter dans les ventes, soit en France, soit à l'étranger;

De 729 volumes in-folio et 1,588 in-4°, provenant de la bibliothèque de M. Fouquet, manuscrits ou imprimés, acquis en 1667;

De 2,156 volumes manuscrits, dont 102 en langue hébraïque; 343 en arabe, samaritain, persan, turc et autres langues orientales; 229 en langue grecque, et 1,422 en langues latine, italienne, française, espagnole, etc.; et de 1,337 livres imprimés, tous provenant de la bibliothèque du cardinal Mazarin;

D'une partie des livres orientaux de Jean Golius, de 1,100 manuscrits hébreux, arabes, turcs, persans, grecs, latins, français, esclavons, et de près de 600 volumes imprimés dans ces langues, provenant de la bibliothèque du savant Gilbert Gaulmin;

De 62 manuscrits grecs que M. de Monceaux recueillit dans le Levant, où il fut envoyé exprès en 1667;

De la bibliothèque de Jacques Mentel, médecin, composée d'environ dix mille volumes, dont une cinquantaine de manuscrits, acquise en 1670;

De 146 volumes que l'ambassadeur de Portugal avait fait acheter à Lisbonne, concernant l'histoire d'Asie, d'Afrique, d'Amérique, d'Espagne, etc.;

De plusieurs livres imprimés, reçus journellement de Hollande, d'Angleterre, d'Allemagne, d'Italie, etc.;

De 340 volumes in-folio, contenant des copies de titres conservés dans les chambres des comptes, maisons religieuses, etc.;

De 630 manuscrits hébreux, syriaques, cophtes, arabes, turcs, persans, et d'une trentaine de manuscrits grecs recueillis par le père Michel Vansleb, savant orientaliste, que Colbert, en 1672, avait envoyé dans le Levant.

Enfin, en 1684, on comptait dans la bibliothèque royale, 10,542 manuscrits, sans y comprendre ceux de Brienne et de Mézerai; environ 40,000 imprimés, non compris les divers recueils d'estampes et de cartes de géographie.

Louvois, qui succéda à Colbert dans la direction de cette bibliothèque, continua les travaux de son prédécesseur. Il chargea les ministres français dans les cours étrangères d'acheter des manuscrits et des imprimés : bientôt il en arriva de toutes parts. Le père Mabillon voyageait en Italie pour le même objet; il procura à la bibliothèque près de 4,000 volumes imprimés et plusieurs manuscrits.

Louvois fit rendre, le 31 mai 1689, un arrêt du conseil, tendant à remettre en vigueur l'ordonnance de Henri II, qui obligeait les libraires à fournir à la bibliothèque royale des exemplaires des livres qu'ils faisaient imprimer par privilége, ce qui procura à cette collection une source intarissable de volumes.

On acquit dans le même temps les manuscrits de Chantereau-Lefèvre; et les savans envoyés par Colbert dans le Levant, faisaient de temps en temps parvenir à la bibliothèque le fruit de leurs recherches. En 1697, le père Bouvet, missionnaire, apporta 42 volumes chinois, que l'empereur de la Chine envoyait en présent au roi; avant cet envoi, il n'existait à la bibliothèque que quatre volumes en cette langue, ils s'y sont dans la suite considérablement multipliés.

En 1700, l'archevêque de Reims donna à la bibliothèque royale 500 manuscrits hébreux, grecs, latins, français. On acheta pour elle 35 volumes manuscrits sur la Lorraine. Le père Fontenai, revenu de la Chine, remit au roi 12 gros volumes, les uns chinois, les autres tartares.

En 1701, 250 manuscrits, provenant de la bibliothèque d'un docteur de Sorbonne, appelé Faure, furent achetés; on y joignit deux manuscrits donnés par Sparwenfeld, maître des cérémonies de la cour de Suède, un missel romain d'une grande antiquité, et une relation de voyages en langue russe : cette relation était le premier volume en cette langue que possédât la bibliothèque. On acheta à Rome un manuscrit de Pétrone, où se trouve le fragment du festin de Timalcion, et plusieurs autres morceaux de cet écrivain licencieux; Tibulle, Properce et Catulle en entier; l'épître de Sapho et celle de Phaon; le petit poème du Phénix, par Claudien; ce manuscrit fut trouvé, dit-on, à Traw, en Dalmatie.

Une caisse était depuis quinze ans déposée à la douane sans être réclamée, on la fit enfin ouvrir; elle contenait 14 portefeuilles remplis de livres tartares qui furent remis en 1708 à la bibliothèque royale.

En 1713, cette bibliothèque reçut entre autres richesses le legs de Caillé Dufourny, contenant l'inventaire des titres conservés dans la chambre des comptes de Lorraine et de Bar; celui de Galland consistant en 100 volumes, ou portefeuilles de manuscrits arabes, turcs, persans, etc. En 1711, François de Gaignières fit à cette bibliothèque une donation d'une bien plus haute importance : il lui légua son immense et très-riche cabinet.

Tous les jours, des legs, des présens, des acquisitions et les tributs de la librairie augmentaient ce précieux dépôt des erreurs et des connaissances humaines.

Le changement le plus notable que cette bibliothèque éprouva sous le règne de Louis XIV, fut sa translation de la rue de la Harpe dans la rue Vivienne, étant devenue trop nombreuse pour être contenue dans le local qu'elle occupait. En 1666, Colbert acheta des héritiers de M. de Beautru deux maisons voisines de son hôtel, rue Vivienne; il les fit disposer convenablement, et les livres y furent transportés.

Sous la régence du duc d'Orléans, la bibliothèque royale jouit de la même propriété; le local de cette collection toujours croissante étant insuffisant, on s'occupa de lui trouver une place ailleurs.

Il existait dans la rue de Richelieu un hôtel immense qui portait le titre de palais, qu'avait fait construire et qu'habitait autrefois le cardinal Mazarin. Cet hôtel, qui occupait l'espace qui se trouve entre les rues Neuve-des-Petits-Champs, Vivienne, Richelieu, et celle Colbert, laquelle a été ouverte sur l'emplacement de ses bâtimens, remarquable par son étendue, l'était encore plus par son extrême magnificence et par les objets rares et précieux qu'il contenait. Après la mort du cardinal Mazarin, il fut divisé en deux parties : celle du côté de la rue Vivienne, fut le lot du duc de la Meilleraie, époux d'une nièce du cardinal, et porta le nom d'hôtel Mazarin jusqu'en 1719, époque où le roi en avait fait l'acquisition pour la donner à la compagnie des Indes. On y avait depuis établi la bourse.

L'autre partie du palais Mazarin, située du côté de la rue de Richelieu, échut au marquis de Mancini, et devint l'hôtel de Nevers. On y avait placé la banque du système de Law; cette banque, ruinée de fond en comble, laissait un local vide.

L'abbé Bignon, bibliothécaire, décida le régent à ordonner, en 1721, que la bibliothèque serait placée à l'hôtel de Nevers. Sans retard on transporta une grande partie des livres, que l'on plaça sur des tablettes faites à la hâte.

La possession de cet hôtel éprouva des difficultés qu'on n'aurait jamais pu surmonter sans le crédit de l'abbé Bignon, appuyé de celui du comte de Maurepas; ils parvinrent à obtenir, en 1724, des lettres-patentes, enregistrées au parlement le 16 mai de la même année, par lesquelles le roi affecte à perpétuité cet hôtel au logement de sa bibliothèque.

Il est à remarquer que cette bibliothèque fut placée dans la partie du palais Mazarin où ce cardinal avait établi la sienne auparavant.

Ses richesses augmentèrent encore sous le règne de Louis XV, qui accepta l'offre que lui fit M. l'évêque du Puy, de remettre à S. M. le magnifique cabinet d'estampes du marquis de Beringhen, son père. Il n'est point de curieux qui ne sache avec combien de soin et d'attention M. Le Premier, grand amateur de cette sorte de curiosités, s'était appliqué à former ce cabinet; après sa mort, M. l'évêque du Puy en fit imprimer le catalogue, qui consiste en quatre cent soixante articles : cette collection renferme principalement les maîtres de l'école de France, jusqu'à l'année 1730. L'abbé Bignon, instruit du dessein ou était l'évêque du Puy de la vendre au roi, et pénétré de l'importance qu'il y avait à joindre cette acquisition à celle que M. de Colbert avait faite autrefois de l'abbé de Marolles, pour faire de l'une et de l'autre le corps le plus complet d'estampes qu'on eût encore vu, sollicita vivement le cardinal de Fleury et M. Orry, contrôleur-général, d'être auprès du roi favorables au succès de cette affaire : il y réussit. M. l'évêque du Puy ne demandait à S. M. que la somme à laquelle le cabinet de M. Le Premier avait été porté dans l'inventaire qui avait été fait de ses biens : c'était à la vérité beaucoup, mais la cour ne balança pas, et au mois de juillet 1731, le contrôleur-général manda à l'abbé Bignon que le roi acceptait la proposition que M. l'évêque du Puy avait faite; en conséquence, le recueil de M. Le Premier fut apporté à la bibliothèque et déposé au cabinet des estampes, à la fin de septembre de la même année. Il consistait en cinq cent soixante-dix-neuf volumes, le plus grand nombre reliés aux armes de France et en maroquin rouge, comme les livres de la bibliothèque royale, et surtout comme ceux de la collection des estampes de l'abbé de Marolles; et en cinq grands portefeuilles, outre quatre-vingt-dix-neuf paquets, renfermant, le tout ensemble, bien au-delà de quatre-vingt mille estampes de toutes grandeurs.

En 1756, ce cabinet fut enrichi de 80 volumes d'estampes, qui avaient appartenu au maréchal d'Uxelles, et qui de là avaient passé à M. l'Allemand de Retz, fermier général. Cette collection, cédée au roi par échange, est une suite de portraits d'hommes de toutes conditions, rangés chronologiquement, ou à l'époque de leur mort, depuis les philosophes grecs et latins jusqu'au milieu du règne de Louis XIV; la seconde partie contient des pièces géographiques, topographiques, et le costume des habitans de chaque royaume, dans les quatre parties du monde; on a ajouté à ces deux parties les éloges d'André Thevet, et la description du monde de Pierre Davity.

En 1770, M. Fevret de Fontette, conseiller au parlement de Bourgogne, traita pour déposer dans ce cabinet son recueil sur l'histoire de France, estampes contenues en soixante portefeuilles, rangées par époque, commençant par le peuple gaulois sous Jules-César, et finissant avec le règne de Louis XV (jusqu'en 1768). Toutes ces estampes, bien ou mal exécutées, ont servi pour ce bel ensemble, et si quelque chose doit suppléer au manque de perfection dans le détail, ce qui n'eût pas été possible autrement, en s'assujettissant à ne vouloir choisir que des estampes supérieurement gravées, c'est que cette défectuosité inévitable a été remplacée par des annotations de la main du rédacteur.

M. de Fontette traita également de son beau recueil de portraits des Français et Françaises illustres; beaucoup de ces portraits sont dessinés à la main. M. de Fontette n'a traité que d'une partie, il a gardé presque tous ceux qui étaient dessinés.

Cette même année le roi fit aussi l'acquisition du cabinet d'estampes de M. Begou, intendant de la marine du roi à Dunkerque; cette collection avait été formée par son aïeul, mort en 1710, connu par ses services dans les intendances de la Rochelle et de Rochefort, et par les bienfaits qu'il aimait à répandre sur les lettres et sur les arts. Dans le nombre considérable de volumes que contient cette collection, il en est un entre autres du plus rare mérite; ce sont des oiseaux peints à la gouache, d'une exécution admirable par le dessin, la couleur et la touche spirituelle de l'auteur. On ignore son nom, mais on serait tenté d'attribuer ces charmans dessins à la main de la *virtuose Marie Sibylle Meriaw*, fille devenue célèbre par l'universalité de ses talens et par son héroïsme dans le voyage qu'elle entreprit pour Surinam, qui nous a produit un excellent livre qu'elle a dessiné, gravé, colorié et écrit elle-même en latin : chaque dénomination des oiseaux de ce volume est écrite par la plus belle main hollandaise qui fût alors; il provient de l'inventaire du sieur Aubriet, peintre du jardin du roi.

Quelques années après, vers 1775, ce cabinet s'accrut encore par l'acquisition d'une partie de celui de M. Mariette, qui était dans son genre un des plus précieux qu'il y ait jamais eu en France. On n'en acheta que les objets rares et curieux qui manquaient dans celui du roi. Cette acquisition coûta plus de 50,000 liv.

M. le comte de Caylus a aussi enrichi ce cabinet d'une quantité considérable de morceaux détachés qu'il prenait plaisir d'y déposer de temps en temps; de ce nombre est un volume sans prix, intitulé *peintures antiques*, que le célèbre Pietro Santi Bartoli avait imitées à la gouache[1] pour la reine Christine de Suède, pendant le séjour qu'elle s'était choisi à Rome. Ces peintures sont si précieuses, que le comte de Caylus, après les avoir fait graver, ne voulut faire tirer de ces planches que 30 exemplaires, ainsi que du savant discours imprimé qu'il y joignit. Cet ouvrage a pour titre : *Recueil des peintures antiques, imitées fidèlement pour les couleurs et pour le trait, d'après les dessins coloriés faits par Pietro Santi Bartoli, par MM. le comte de Caylus et Mariette. Paris*, 1757, *in-fol.* Chacun de ces exemplaires est si supérieurement enluminé, qu'ils le disputent de beauté aux dessins originaux. C'est peut-être, dit Le Beau, « *le livre d'antiquités le plus singulier qui* » *paraîtra jamais; toutes les pièces en sont peintes* » *avec une précision et une pureté inimitables; c'est* » *la vivacité, les nuances, la fraîcheur du coloris* » *qui charma les yeux des Césars.* »

Il paraît que les opinions sont partagées sur l'origine de ces précieux dessins, et que l'on ignore en-

[1] A la prière de M. le comte de Lignerac (duc de Caylus), le roi consentit à lui laisser, sa vie durant, ces magnifiques peintures que le comte de Caylus donna au cabinet du roi, en 1764, avec un portrait de François Ier peint en miniature par Nicolo-del-Albate.

core pour qui ils étaient destinés, et même le nom du peintre qui les a faits. M. Debure l'aîné, dans le catalogue de M. Goutard, page 208, rapporte une note écrite de la main de M. Mariette, auteur de cet ouvrage, sur l'exemplaire qui lui avait appartenu, et qui a passé, après sa mort, dans le beau cabinet de livres d'antiquités et de médailles de M. d'Ennery; la voici :

« *On ne sera pas fâché de savoir d'où sont venus* » *les dessins originaux et coloriés dont on produit ici* » *des copies exactes; ils ont été faits à Rome, et il n'y* » *a certainement que Pietro Santi Bartoli à qui on* » *puisse raisonnablement les attribuer. Suivant toutes* » *les apparences, ils ont été envoyés en France pour* » *être présentés à Louis XIV, comme un essai d'ou-* » *vrages qui, s'ils plaisaient, pourraient être portés* » *plus loin. Louvois étant alors surintendant des* » *bâtimens, et ces dessins lui étant demeurés, il les* » *oublia bientôt, sort qu'éprouve ordinairement tout* » *ce qui passe entre les mains des grands. Un chirur-* » *gien, attaché à ce ministre et demeurant dans son* » *hôtel, profita de cette négligence : il s'en empara,* » *et ce ne fut qu'après sa mort, arrivée en 1750, que* » *ces dessins reparurent, et coururent une seconde* » *fois risque d'être perdus pour toujours; ses héritiers,* » *gens sans connaissances, allaient en effet en faire* » *le jouet de leurs enfans, si quelqu'un, par un heu-* » *reux hasard, ne leur eût suggéré de venir me trouver* » *pour en avoir mon avis; et j'étais sur le point d'en*

» *faire l'emplette, lorsque M. le comte de Caylus, plus* » *heureux, obtint sur moi la préférence.* » (LEPRINCE.)

Quoique le cabinet du Roi fût déjà porté par tant d'acquisitions à ce degré de magnificence qui n'a point d'égal, il y manquait cependant un des objets les plus précieux; c'étaient les différentes estampes, ou les premiers essais de la gravure en taille-douce, trouvée, suivant quelques auteurs, par Masso-Piniguera, orfèvre de Florence, en 1460.

L'œuvre de ce premier graveur consiste environ en soixante estampes, dont plusieurs ont été faites pour orner une édition du Dante, de 1481. Cette édition a le mérite singulier d'être la première dans laquelle l'art de la gravure en taille-douce ait été employé.

Les autres représentent les prophètes, les sibylles, etc. Ce qu'il y a de remarquable, c'est qu'elles ont été trouvées et achetées à Constantinople, par un amateur, qui les a apportées en France : et après sa mort, ses héritiers les ont vendues au cabinet du roi, moyennant la somme de 500 livres. Cette acquisition est la dernière qu'on ait faite pour ce cabinet; elle est du mois de mars 1781. Ces différentes estampes, qui sont de la plus grande rareté, rassemblées, pour ainsi dire, dans leur sanctuaire, deviennent bien plus précieuses par cette réunion. Jamais l'abbé de Marolles et M. de Beringhen ne purent se les procurer, malgré toutes les recherches et les dépenses qu'ils firent pour cela.

Les richesses de cette bibliothèque s'accrurent toujours, et avec une rapidité qui ne nous permet plus d'en suivre le détail. Après 1790, époque de la suppression des maisons religieuses, cette immense collection s'accrut d'un grand nombre de livres manuscrits ou imprimés, provenant des bibliothèques qui avaient appartenu à tous les couvens supprimés.

Nous ne croyons pas nous écarter du plan de notre ouvrage en donnant ici quelques détails sur les bâtimens de la bibliothèque royale qui, par l'immense et précieuse collection d'ouvrages et de curiosités en tous genres qu'ils renferment, pourraient être appelés le Bazar de la littérature universelle; et en faisant connaître par un récit rapide les objets curieux de cette bibliothèque, ses divisions en différens dépôts, et la quantité de volumes imprimés ou manuscrits dont elle se compose aujourd'hui.

Après le vestibule, on voit une cour dont la longueur est d'environ cinquante toises et la largeur de quinze; cette cour est environnée de bâtimens servant à la bibliothèque, qui occupe encore d'autres parties de bâtimens contigus.

Cette bibliothèque se divisait autrefois en cinq dépôts: les livres imprimés, les manuscrits, les médailles et antiques, les gravures, les titres et généalogies; ce dernier dépôt doit être actuellement aux archives du royaume, rue du Grand-Chantier.

Les livres imprimés remplissent le premier étage des bâtimens qui environnent la cour dans une étendue d'environ cent trente toises; on y monte par un vaste escalier situé à droite du vestibule; la rampe en fer est très-remarquable par son travail. Les diverses salles qui composent ce dépôt sont de plain-pied, de même hauteur, larges de quatre toises, et éclairées par trente-trois grandes croisées.

Entre de longues et hautes murailles de livres, entre plusieurs objets curieux, on remarque, dans la principale galerie, un monument appelé le Parnasse-Français, de la composition du sieur Titon du Tillet; on y compte seize figures en bronze, en y comprenant le cheval Pégase; à peu près autant de génies tenant des médaillons; quelques autres médaillons sont pendus à des branches de laurier : le tout couvre une forme de montagne de trois pieds quatre pouces. Les figures en pied représentent les poètes et les musiciens de France. Ces figures, qui ont un pied ou seize pouces de hauteur, sont proportionnellement trop grandes, et la montagne est trop petite : une de ces figures, dans trois ou quatre enjambées, pourrait facilement franchir la montagne du Parnasse. On a composé une ample description, ornée de gravures, de ce travail, qui, malgré ses imperfections, a bien son prix.

Ce Parnasse a été érigé à la gloire de Louis XIV et des littérateurs de son siècle; il a été de nouveau dédié, en 1718, à Louis XV.

Depuis, on y a ajouté les figures en pied de Rousseau, Crébillon et Voltaire.

Une pièce qui se trouve en retour d'une des principales salles, pièce spécialement destinée aux livres de géographie, a son parquet percé de deux ouvertures circulaires, entourées de balustrades en fer. De ces ouvertures sortent les hémisphères de deux vastes globes, dont le pied en bronze est posé au rez-de-chaussée; l'un est terrestre et l'autre céleste.

Ces globes furent commencés, à Venise, par Marc-Vincent Coronelli, d'après l'ordre du cardinal d'Estrées, qui, en 1683, en fit présent à Louis XIV, auquel il les avait dédiés. Butterfield, mécanicien allemand, qui venait de s'établir à Paris, fut chargé de faire les deux cercles qui les entourent, le cercle horizontal et le cercle méridien, ainsi que les pieds qui les supportent; le tout fut exécuté en bronze. Louis XIV, en 1704, fit placer ces globes dans les deux derniers pavillons du château de Marly; en 1722, on les fit transporter au Louvre, dans un lieu humide, d'où on ne les retira qu'en 1782, pour les placer au lieu où on les voit maintenant.

Le diamètre de chacun de ces globes est de 11 pieds 11 pouces, et environ 6 lignes, ce qui donne une circonférence de 37 pieds 7 pouces.

Ces deux sphères marquent l'état des connaissances géographiques et astronomiques de l'époque où elles furent fabriquées. Pour les mettre au niveau des connaissances actuelles, il faudrait faire dans leur dessin de nombreux changemens : malgré ces imperfections, qui résultent du progrès des lumières, ces globes sont remarquables comme objet de curiosité; on n'en connaît point d'une aussi grande dimension.

Les manuscrits sont déposés dans six pièces, dont cinq de moyenne grandeur ; la sixième, la plus vaste, est l'ancienne galerie du palais Mazarin ; elle a 23 toises 2 pieds de longueur ; sa largeur est de 3 toises 4 pieds ; elle est éclairée par huit croisées ; le plafond peint à fresque en 1651 par Romanelli, représente divers sujets de la fable, distribués en compartimens.

Cette précieuse collection se compose d'un grand nombre de manuscrits orientaux et en diverses langues européennes ; elle se divise en anciens fonds du roi, de Dupuy, de Béthune, de Brienne, de Gaignières, de Mesmes, de Colbert, de Doat, de Langé, de Lancelot, de Baluze, de Ducange, de Serilly, d'Huet, de Fontanieu, de Sautereau, etc.

Cette collection, la plus riche et la plus intéressante qui existe en ce genre, s'élevait, en 1789, à près de 50,000 volumes ; elle se composait d'abord de manuscrits en langues anciennes et orientales, rangés dans l'ordre suivant : les manuscrits hébreux, les syriaques, les samaritains, les cophtes, les éthiopiens, les arméniens, les arabes, les persans, les turcs, les indiens, les siamois, les livres et manuscrits chinois, les grecs, les latins, etc., ce qui formait à peu près 25,000 volumes.

Les manuscrits italiens, allemands, anglais, espagnols, français, etc., formaient une seconde division non moins nombreuse ; parmi ces derniers, on distingue une suite très-précieuse de mémoires relatifs à l'histoire de France, et qui peuvent y répandre un grand jour, surtout depuis Louis XI.

Cette collection a été, de même que celle des livres imprimés, considérablement augmentée pendant la révolution; à cette époque, elle s'était élevée jusqu'à 70,000 volumes; les accroissemens multipliés qu'elle avait reçus provenaient de 500 manuscrits de la bibliothèque du Vatican; de ceux de la bibliothèque de Saint-Marc à Venise; de plusieurs autres tirés de Bologne, de Milan, de Munich et autres villes d'Allemagne et d'Italie; mais surtout des riches collections de la Sorbonne, de Saint-Victor, de Saint-Germain-des-Prés[1]. Nous saisissons avec empressement cette occasion pour rappeler que c'est en grande partie aux soins de M. Van-Praët, savant distingué et l'un des zélés conservateurs actuels de la bibliothèque royale, qu'on doit la conservation de cette dernière collection qui fut sur le point d'être consumée dans l'incendie des bâtimens de l'Abbaye, arrivé pendant la révolution.

Elle renfermait un grand nombre de Missels, d'Heures et d'Évangiles du moyen-âge, dont les couvertures sont chargées d'ornemens et de sculptures en or, en argent, en ivoire, etc. Parmi ces manuscrits, qui sont en très-grande quantité, on distingue principalement : 1° le manuscrit fameux des Épîtres

[1] On a rendu, depuis le retour de l'auguste famille des Bourbons, les manuscrits enlevés aux diverses bibliothèques de l'Europe.

de saint Paul, en grec et en latin, écrit sur deux colonnes en belles lettres majuscules. C'est un des plus anciens que l'on connaisse; il paraît être du sixième ou septième siècle; 2° la Bible et les Heures de Charles-le-Chauve. La couverture des Heures est enrichie de pierres précieuses et de deux bas-reliefs en ivoire d'un travail très-curieux.

Mais sa plus précieuse décoration consiste en médailles rares, et en d'autres objets d'antiquité conservés dans ce dépôt.

Avant François Ier, aucun roi de France n'avait pensé à réunir des médailles antiques; ce monarque en possédait environ vingt en or et une centaine en argent qu'il avait fait enchâsser dans des ouvrages d'orfèvrerie comme un ornement. Il en rassembla encore quelques autres qu'il plaça dans son garde-meuble ou ailleurs. Le goût des lettres faisant des progrès sous ce règne, tout ce qui s'y rapportait obtint faveur. Les regards du roi devaient donc nécessairement se fixer aussi bien que sur les lettres, sur les médailles qui servent à fixer des époques de l'histoire et à éclaircir ses points difficultueux. Henri II, aux médailles de François Ier joignit celles qu'il avait recueillies, et celles qui composaient la riche collection que Catherine de Médicis, son épouse, avait apportée en France avec les rares manuscrits de la bibliothèque de Florence. Charles IX accrut encore cette collection, lui affecta un lieu particulier dans le Louvre pour la placer convenablement, et fut le premier roi qui créa une place spéciale de garde de ces médailles et antiques ; il accrut cette collection de celle du célèbre Jean Grollier[1], trésorier-général de France sous François Ier, mort en 1565.

Pendant les troubles qui désolèrent la France sous son règne et sous les suivans, surtout pendant les désordres de la Ligue, cette collection qui consistait en antiquités de diverses espèces, en médailles, en pierreries, et que les savans du temps, fort exagérateurs, plaçaient au rang des merveilles du monde, fut presque entièrement dispersée et pillée.

Henri IV essaya de réparer ces pertes. Il recueillit plusieurs pièces soustraites, fit venir à Paris en 1608 le sieur de Bagarris pour être le garde de ces médailles et antiques qu'il voulait placer à Fontainebleau, proche sa bibliothèque ; il fit en outre quelques acquisitions de curiosités de ce genre. Bagarris seconda de tout son pouvoir les vues de ce bon roi, sur l'assassinat duquel la France eut bientôt après à pleurer. Alors cette collection, qui commençait à recevoir de la consistance, fut, sous Louis XIII, entièrement abandonnée ; et Bagarris, malgré ses efforts, se vit obligé de cesser ses fonctions de garde, et de se retirer dans son pays avec les médailles et les pierres gravées qu'il avait apportées.

Louis XIV, protecteur des lettres et des arts, fit rassembler toutes les médailles et raretés qui se trou-

[1] Le même qui fit imprimer à Milan l'ouvrage *de Asse* de Budé.

vaient dans les diverses maisons royales, y joignit celles qu'avait réunies dans son château de Blois, Gaston, duc d'Orléans, son oncle, et du tout composa ce qu'on nommait au Louvre le cabinet des antiques. L'abbé Bruneau, garde des médailles de Gaston, le devint de celles du roi. Cet abbé, au mois de novembre 1666, ayant été assassiné et volé dans le Louvre, on jugea, d'après cet événement, que ce précieux dépôt n'était pas en sûreté dans ce palais ; en 1667, tout ce qui composait ce cabinet fut transféré à la bibliothèque royale, alors située rue Vivienne. Par les soins de Colbert, ce dépôt s'accrut considérablement ; il donna ordre au sieur Vaillant de voyager en Italie, en Sicile et en Grèce ; ce célèbre antiquaire revint au bout de quelques années, chargé d'une riche moisson. Enfin, ses recherches avaient eu de si heureux résultats que les médailles du roi furent presque augmentées de moitié.

Le succès de ce voyage en fit entreprendre un second : Vaillant partit en octobre 1674 pour les côtes d'Afrique. Malheureux dans cette expédition, il fut pris par les Algériens et eut à supporter un esclavage de quatre mois ; il courut encore plusieurs autres dangers, si bien qu'après avoir obtenu sa liberté, il se vit obligé, pour sauver une vingtaine de médailles d'or, les seules qu'il apportait de son voyage, de les avaler.

Il fit un troisième voyage en Égypte et en Perse, d'où il revint chargé d'une grande quantité de médailles rares. Vaillant n'était pas le seul investigateur des médailles antiques; les sieurs Vansleb, Petis de la Croix, Antoine Galland, de Nointel ambassadeur de France à Constantinople, et le fameux voyageur Paul Lucas[1] avaient les mêmes ordres et concoururent à enrichir le dépôt de plusieurs antiquités et objets d'une grande rareté.

L'attention de Colbert à perfectionner la collection des médailles du roi, ne se borna pas à faire faire des recherches chez l'étranger; il donna l'ordre au sieur de Carcavi d'en acquérir le plus qu'il pourrait : le nouveau garde seconda parfaitement le zèle du ministre, et accrut en peu de temps le cabinet de plusieurs belles suites de médailles, acquises après la mort de plusieurs curieux.

Les premières furent celles amassées par M. Seguin[2], doyen de Saint-Germain-l'Auxerrois; elles étaient au nombre de plus de 5,000, et furent vendues 48,000 livres; il y en avait beaucoup en or et en argent, de grand et moyen bronze, plusieurs grecques et un assez bon nombre d'une grande rareté.

Celles qui furent trouvées après la mort du sieur Tardieu, lieutenant-général, et que le sieur Ferrier son beau-frère avait réunies, entrèrent dans la collection du roi; parmi ces médailles était le *Pescennius Niger* en grand bronze, et plusieurs autres d'un très-grand prix.

[1] Voyages de Paul Lucas, in-12.

[2] Voy. Mercure de France, 1719, mai, page 51.

Le fameux cabinet du sieur de Sere, conseiller d'État, composé de médailles rares et précieuses, entre lesquelles il y en avait beaucoup en or et de grand bronze, fut acquis pour celui du roi après sa mort.

La suite de moyen bronze que possédait le comte de Brienne, fut réunie, après sa retraite aux PP. de l'Oratoire, au même cabinet : cette suite était nombreuse et très-singulière.

La suite des médailles d'argent fut tout-à-coup augmentée de celles du sieur le Charron, auditeur des comptes : on en acquit encore d'autres de plusieurs particuliers, soit par argent ou par échange de médailles doubles.

Un homme de qualité céda au cabinet du roi une cinquantaine de médaillons extrêmement rares; chaque médaillon lui fut payé 50 livres pièce.

La mort de deux curieux, M. le Charron (dont nous venons de parler) et le sieur de Trouenne, intendant de M. d'Epernon, fournirent l'occasion d'enrichir la collection des jetons et médailles modernes que M. le duc d'Orléans n'avait point été curieux d'amasser. La collection du premier consistait en une très-belle suite de médailles des papes, et beaucoup de jetons d'argent; celle de M. de Trouenne était toute composée de médailles et jetons aussi d'argent des rois de France et d'autres princes étrangers.

On ne négligea pas non plus l'augmentation des agates; on réunit aux vingt-quatre boîtes de M. le duc d'Orléans, dont la plupart étaient en relief, celles qu'avait amassées M. de Harlay, qui s'en priva volontiers pour enrichir le cabinet du roi; on y ajouta aussi celles de M. Oursel, premier commis de M. de la Vrillière, et celles de MM. Lecomte et Lecointre.

Les guerres de Hollande et de Flandre étant survenues, le ministre Colbert fit suspendre pour quelques années les dépenses extraordinaires que nécessitaient la bibliothèque et le cabinet des médailles, devenu par tant d'acquisitions, un sujet d'admiration et d'envie pour la France et l'Europe entière; il resta sans recevoir aucune augmentation jusqu'à la mort de ce ministre, arrivée en septembre 1683.

M. de Louvois, ayant été pourvu de la charge de surintendant des bâtimens, prit d'abord connaissance de l'état du cabinet des médailles, et le fit, l'année suivante, conformément aux ordres du roi, transférer à Versailles, sous la conduite de M. Rainsaut antiquaire, à qui on en donna la garde à la place de Carcavi que ses infirmités et son grand âge mettaient hors d'état de pouvoir la remplir; on plaça ces médailles dans un magnifique cabinet près de l'appartement du roi.

M. Rainsaut, voyant qu'il y avait beaucoup à travailler, tant à l'arrangement des suites de médailles dans le nouveau cabinet, que pour en faire des catalogues, s'attacha M. Oudinet son parent, et engagea M. Vaillant à l'aider de ses lumières pour y établir un ordre dont il sentait toute la nécessité.

Pendant ce travail, le roi prenait plaisir à venir presque tous les jours dans ce cabinet, témoignant la grande satisfaction qu'il éprouvait à étudier et admirer cette belle collection.

Ce prince ordonna à M. Morel, suisse de nation, qui dessinait les médailles parfaitement bien, de dessiner toutes celles de son cabinet sur des cartons ajustés aux tablettes; M. Rainsaut eut ordre en même temps d'en faire les explications, à quoi il travailla avec tant d'ardeur, aidé d'un de ses amis, qu'il fit tout le grand bronze, tout l'or et la plus grande partie des médailles. Son travail presque tout entier passa sous les yeux du roi qui voulut bien témoigner à M. Rainsaut et à son ami le plaisir qu'ils lui avaient causé.

M. de Louvois, entrant avec ardeur dans les vues de son souverain, recommanda aux ambassadeurs et à tous les résidens auprès des princes étrangers, les recherches les plus exactes pour découvrir de nouvelles médailles; en outre, plusieurs savans reçurent les mêmes ordres.

Ce ministre, pour avoir une entière autorité sur la bibliothèque et sur le cabinet des médailles, traita de l'intendance de ce cabinet avec Louis Colbert, qui en avait été revêtu après la mort de l'évêque d'Auxerre, son oncle.

MM. de Sainte-Géneviève, pour seconder les désirs de Louvois, tirèrent de leur cabinet plus de 300 médailles, presque toutes de petit bronze, et les lui offrirent pour être ajoutées à celles du roi.

M. de Camps, abbé d'Isigny, connu par son goût pour les médailles et antiquités, était dans l'usage d'offrir tous les ans au roi des étrennes assez singulières : c'étaient quelques médailles qui pouvaient manquer dans le cabinet de S. M.

Celles du cabinet du duc de Verneuil formaient une belle suite de médailles en bronze et en or. Madame de Verneuil voulut avoir l'honneur de présenter au roi la plus belle et la plus rare : cette médaille était d'or, à quatre têtes de Posthumes, pesant six louis d'or.

Une belle suite de 200 médailles des rois de Syrie, estimée l'unique qui fût alors en Europe, et qui a servi au célèbre Vaillant pour en composer l'histoire qu'il a publiée avec des gravures, vint bientôt enrichir le cabinet royal d'un nouveau trésor.

La collection des médailles d'or, réunies par M. de Monjoux, la plus belle et la plus rare qui fût alors en France, fut aussi ajoutée à celles du roi.

Malgré tant d'acquisitions, et un grand nombre d'autres qu'on ne peut détailler ici, le cabinet ne se trouvait que médiocrement fourni de médailles modernes. L'abbé Bizot qui se connaissait le mieux en ce genre, et qui avait le plus de correspondances dans les pays étrangers, fut chargé par M. de Louvois d'en faire la recherche.

Le peu de temps que M. Rainsaut eut la garde des médailles ne lui permit pas d'établir dans ce cabinet tout l'ordre qu'il s'était proposé d'y introduire. Se promenant un jour dans le parc de Versailles, le long de la pièce d'eau qu'on appelle la pièce des Suisses, il y tomba malheureusement et s'y noya, le 7 juin 1689.

M. Oudinet, qui n'avait point cessé de lui être attaché, alla dans le moment reporter les clefs du cabinet à M. de Louvois ; mais ce ministre, dont il était déjà fort connu, lui dit de les garder, et lui procura l'agrément du roi pour cette place.

Il n'est guère possible de rendre compte de tout ce que M. Oudinet y a fait pendant vingt-deux ans qu'il en a eu la garde; il faudrait, pour cela, comparer l'état où il a trouvé le cabinet à celui où il le laissa; encore ne jugerait-on que très-imparfaitement de l'ordre qu'il y a mis, et des découvertes qu'il y a faites. Ce fut sous sa garde qu'on fit, par ordre de M. de Louvois, les inventaires ou catalogues de ce grand amas de médailles modernes, auxquels travaillèrent l'abbé Bizot et le P. D. M.; ils en formèrent six vol. in-fol°, contenant leurs descriptions, inscriptions et explications.

Le père D. M. fit les trois premiers volumes, comprenant les médailles de la France, celles des papes, des cardinaux et des princes d'Italie ; l'abbé Bizot se chargea des médailles de l'Empire, de l'Espagne, des Électeurs et des princes d'Allemagne, des rois du Nord, de la Pologne, de la Suède, du Danemarck, et même de l'Angleterre, ainsi que des États de Hollande.

Un jour que S. M. faisait voir elle-même son cabinet de médailles à Jacques II, roi d'Angleterre, ce prince lui demanda si l'emploi de M. Oudinet n'était pas une charge des plus considérables de sa cour. *Ce n'en est pas une*, répondit le roi en montrant M. Oudinet, *mais c'est une place distinguée qui ne se donne qu'au vrai mérite.*

M. Oudinet, étant mort en janvier 1712, fut remplacé par M. Simon, habile antiquaire, homme d'un grand mérite. Cette place ne pouvait être en de meilleures mains; mais une mort prompte ne lui laissa pas le temps de faire, pour le cabinet du roi, ce que son amour pour les belles choses lui eût fait entreprendre; il mourut au mois de décembre 1719, peu de temps après M. de Louvois, son protecteur.

M. de Boze, l'un des hommes les plus versés qu'il y ait eu dans la connaissance des médailles, fut choisi pour remplacer M. Simon dans ce poste important.

Le nouveau garde, à l'exemple du célèbre abbé Bignon qui venait de succéder à M. de Louvois, se défit des suites de médailles qu'il avait formées avec tant de peines et de succès, pour se livrer tout entier au dépôt dont on venait de lui confier la garde. Il les vendit au maréchal d'Estrées, après la mort duquel il les fit entrer dans le cabinet du roi; elles en sont encore aujourd'hui l'un des principaux ornemens, aussi bien que celles de grand bronze du marquis de Beauveau, acquises, vers 1746, pour le roi, par le comte d'Argenson. Ce dépôt s'accrut presque du double entre les mains du savant antiquaire M. de Boze ; il n'a cessé, pendant trente-quatre ans, de l'enrichir par des augmentations successives que lui procuraient ses correspondances, soit dans l'intérieur du royaume, soit avec les étrangers ; quelques-unes de ces augmentations ne sont même dues qu'à l'estime personnelle dont il jouissait. Le célèbre Méad, premier médecin du roi d'Angleterre, lui fit présent de plusieurs médailles singulières, que leur rareté rendait précieuses, entre autres d'un Allectus en or ; d'une Hélène du même métal, qu'on chercherait peut-être en vain dans les plus célèbres médaillers de France ; et d'un Caransius en argent, dont le revers paraît représenter la femme de ce prince, médaille inconnue jusqu'alors. M. de Boze, aussi désintéressé que son ami, se montra digne de pareils dons, en ne les acceptant que pour les placer dans le cabinet à la conservation duquel il était préposé. L'accroissement produit par tant d'acquisitions, lui fit bientôt sentir la nécessité de travailler à un nouveau catalogue. Il le commença presque aussitôt que le cabinet du roi fut transféré, par ordre de S. M., de Versailles à Paris, pour être placé dans un salon attenant à sa bibliothèque, et il eut la satisfaction de le voir terminé avant sa mort.

Ce dernier trait prouvera combien M. de Boze avait à cœur de compléter le cabinet du roi, et de le rendre le plus riche qu'il y eût en Europe. Ayant acheté le cabinet de M. Foucault, celui-ci excepta de la vente deux figures d'une grande rareté : l'une la déesse Isis, et l'autre un nain d'Auguste; et les légua par son testament à M. de Boze. Ce dernier, dans le sien, supplia le roi de les accepter pour son cabinet où elles sont encore aujourd'hui.

M. de Boze mourut en septembre 1754, dans la 74e année de son âge. Il fut remplacé par l'abbé Barthélemy de l'académie des inscriptions, que ses grandes connaissances dans ce genre de collections appelaient naturellement à une place que lui avaient méritée plusieurs années de travail dans ce cabinet.

L'abbé Barthélemy chercha toutes les occasions de procurer au cabinet du roi de nouvelles richesses. Environ un an après sa nomination à la place de garde, il eut ordre d'aller en Italie pour y faire des recherches sur les médailles qui manquaient au cabinet du roi. Il partit en août 1755, et se rendit à Rome où le crédit dont jouissait le comte d'Estainville, ambassadeur de France, qui prenait le plus vif intérêt à un voyage dont il avait eu la première idée et dont il avait facilité l'exécution, lui rendit tous les cabinets accessibles et lui procura les moyens de faire des acquisitions pour celui du roi.

Ce savant acheta, pendant son séjour à Rome, près de 300 médailles, la plupart très-précieuses par leur rareté; de ce nombre étaient trois médaillons d'or : l'un de Gallien, l'autre de Constance, le troisième du jeune Constantin; plusieurs médailles impériales en or, et entre autres celle de Vetranio qui manquait non seulement au cabinet du roi, mais encore dans presque tous les cabinets du monde ; quantité de médailles impériales en bronze dont les unes très-propres à éclaircir des points de chronologie, et les autres à remplir plusieurs lacunes dans les suites qui étaient déjà placées dans le médailler du roi ; on y remarquait surtout deux médailles d'Annia Faustina, troisième femme de l'empereur Héliogabale : le cabinet ne possédait alors de cette princesse qu'une médaille si mal conservée, qu'on y distinguait à peine les traits du visage.

Le roi acquit, vers 1776, et réunit à son cabinet la collection formée par le sieur Pellerin, célèbre antiquaire. Cette collection, composée de plus de trente mille médailles, était une des plus belles que l'on connût : celle du roi, qui était déjà la plus distinguée de l'Europe, a été portée par cette augmentation à un degré de perfection et de magnificence, que toutes les autres, prises ensemble, ne pourraient peut-être pas atteindre. L'attention de l'abbé Barthélemy à veiller à l'enrichissement et à la conservation de ce précieux trésor, est digne des plus grands éloges.

Il est impossible de voir ce superbe cabinet sans être pénétré d'admiration à la vue de tout ce que nos rois ont fait pour le porter au degré de splendeur où il est parvenu aujourd'hui, et sans se rappeler tout ce que le zèle des ministres leur a inspiré pour seconder de si nobles vues par des acquisitions nombreuses et par des voyages au Levant, en Italie, en

Angleterre, etc., entrepris sous les ministères des Colbert, Louvois, Fleury, Maurepas, d'Argenson, Choiseul, noms à jamais précieux aux lettres, et bien dignes d'être célébrés dans les ouvrages de ceux qu'ils honorèrent d'une si éclatante faveur.

§ II. — Ordre des médailles.

Cette immense collection est divisée en deux classes principales : l'antique et la moderne. La première comprend plusieurs suites particulières, telles que celle des rois, des villes grecques, des familles romaines, des empereurs; quelques-unes de ces suites se subdivisent encore en d'autres suites, selon le diamètre des médailles ou le métal dont elles sont formées; c'est ainsi que des médailles des empereurs on a formé deux suites de médaillons et de médailles en or, deux autres de médaillons et de médailles en argent, une cinquième de médaillons en bronze ordinaire, une sixième de médailles de grand bronze, une septième de celles de moyen bronze, une huitième enfin de médailles de petit bronze. La moderne est distribuée en trois classes : l'une contient les médailles frappées dans les différens États de l'Europe, l'autre les monnaies qui ont cours dans presque tous les pays du monde, et la troisième les jetons. Chacune de ces suites, soit dans la moderne, soit dans l'antique, par la conservation, le nombre et la rareté des médailles, monnaies, etc., qu'elles contiennent, forment, par leur réunion, un dépôt inappréciable, digne de la magnificence des monarques français et de la curiosité des amateurs. C'est dans ce précieux trésor, ouvert à tous les savans de l'Europe, que les Vaillant, les Morel, les Spanheim, et presque tous ceux qui ont travaillé sur les médailles, ont puisé la plus grande partie des connaissances répandues dans leurs ouvrages.

§ III. — Objets curieux conservés dans le cabinet des médailles.

Un grand bureau, magnifiquement orné et entouré de fauteuils, occupe le milieu du cabinet des médailles; c'est dans les tiroirs de ce bureau que se conservent les précieux restes du tombeau de Childéric, père de Clovis, découvert à Tournay en 1653, par des ouvriers qui travaillaient à la réparation de l'église de Saint-Brice, au-delà de l'Escaut; cet endroit, lors de la mort du roi, c'est-à-dire l'an 481, n'était pas encore renfermé dans l'enceinte de cette ville; il fut inhumé près d'un grand chemin, selon la coutume des Romains, qui était aussi celle des barbares.

A peine avait-on creusé sept pieds en terre, que l'on trouva premièrement une boucle, ensuite on découvrit un trou dans lequel était environ cent médailles d'or; l'ouvrier qui fit cette découverte, quoique sourd et muet de naissance, fit de si grands cris, que plusieurs personnes accoururent aussitôt pour connaître la cause de ses exclamations extraordinaires. Outre ces cent médailles d'or qui étaient des premiers empereurs romains, l'on trouva environ 200 médailles d'argent, également des premiers empereurs; quatre étaient percées, et toutes tellement rouillées qu'à peine pouvait-on en déchiffrer les caractères; on découvrit ensuite un squelette dont la dimension prouvait qu'il avait jadis appartenu à une personne de grande taille; tout auprès était un crâne qui paraissait être celui d'un jeune homme; enfin, après avoir encore fouillé, on trouva une épée dont l'acier se réduisit en poudre aussitôt qu'il prit l'air: le pommeau avec la garniture du fourreau qui était d'or, n'avait point été endommagé; on y découvrit aussi une hache ou francisque, un javelot, un graphium avec son stilet et des tablettes, le tout garni d'or: des agrafes et des attaches pareillement d'or; des filamens aussi d'or qui étaient des restes de vêtemens: la figure en or d'une tête de bœuf, avec quantité d'abeilles ou mouches, toutes d'or et émaillées, au nombre de plus de 300, et enfin un globe de cristal.

Tout le monde fut convaincu que ce tombeau était celui de quelque personnage important, mais jusque-là on ne voyait encore aucun indice qui pût faire reconnaître en l'honneur de qui il avait été érigé; enfin, on trouva un anneau de l'or le plus pur, qui ne put laisser aucun doute; l'inscription qu'il portait prouvait que c'était celui du roi Childéric. Cet anneau représente un prince assez jeune, sans barbe, avec des cheveux flottans sur les épaules et un javelot en main, marque de la puissance royale, avec cette inscription autour de l'anneau : *Childerici regis*.

Comme l'on trouva aussi au même endroit un fer de cheval avec des restes de housse, des boucles et des attaches d'or, on ne douta pas que le crâne qui était auprès du squelette du roi ne fût de celui qui avait soin de son cheval ; la figure en or de la tête de bœuf était vraisemblablement celle d'Apis adoré par les Égyptiens, et que ce prince qui était idolâtre adorait aussi. Les abeilles d'or étaient sans doute son symbole, etc.

Cette riche dépouille fut donnée à l'archiduc Léopold-Guillaume d'Autriche, qui était alors gouverneur des Pays-Bas ; et, après sa mort, Jean-Philippe de Schonborn, électeur de Mayence, l'obtint de l'empereur par le moyen de son confesseur. Comme cet électeur avait de très-grandes obligations au roi, il crut qu'il ne pouvait mieux témoigner sa reconnaissance à Sa Majesté qu'en lui faisant présent de ces précieux restes du tombeau d'un de ses prédécesseurs. Il les fit présenter à Louis XIV par le sieur Dufresne qu'il envoya exprès l'an 1665. On les mit d'abord dans le cabinet des médailles qui était encore au Louvre, mais on les en retira bientôt pour les placer à la bibliothèque du roi. Cependant le cabinet des médailles ayant été bientôt après placé à côté de la bibliothèque, on remit ces précieux restes dans le dépôt d'où on les avait tirés[1].

Vase trouvé à Rennes.—Vase d'une seule dent d'éléphant.

On conserve encore dans divers tiroirs plusieurs chaînes d'or, une agrafe antique du même métal, et quelques autres raretés, toutes très-précieuses, parmi lesquelles on remarque un vase en forme de soucoupe, trouvé à Rennes en 1774, dans des fouilles que l'on faisait pour la reconstruction d'une maison du chapitre de la cathédrale. Il est d'or, à double fond, et orné d'une quarantaine de médailles impériales avec des revers très-rares et à fleur de coin; ce beau vase est aussi enrichi de deux bas-reliefs dont l'un représente le repos d'Hercule, et l'autre une Bacchanale. Le travail, la matière, la conservation et l'antiquité de ce vase le mettent au rang des monumens les plus précieux. Lorsqu'on le découvrit, il renfermait encore une centaine de médailles très-curieuses et très-bien conservées, parmi lesquelles il y en avait quelques-unes d'uniques : ces médailles ont été insérées dans la belle collection de ce cabinet.

On y remarque encore un vase en forme de calice, fait d'une seule dent d'éléphant montée et doublée en vermeil, enrichi de pierres de diverses couleurs; ce vase porte avec son couvercle de vermeil dix-huit

[1] Voyez Mém. de l'acad. des Inscriptions, tome II, pag. 637.

pouces de haut sur six pouces de large ; il représente en bas-relief un combat entre les Turcs et les Polonais, lorsque Jean Sobieski les obligea de décamper de devant Vienne qu'ils avaient assiégée. Ce vase a été trouvé par M. de Lowendhal.

DESCRIPTION DE DEUX BOUCLIERS VOTIFS, PLACÉS DANS CE CABINET.

Premier bouclier. — Bouclier de Scipion.

On voit dans ce même cabinet deux magnifiques boucliers d'argent, destinés sans doute à être suspendus dans les temples; le premier fut trouvé dans le Rhône, en 1656, par des pêcheurs d'Avignon. Ce fameux bouclier votif[1], que M. Spon a fait graver dans ses recherches d'antiquités, représente une action mémorable de la continence du jeune Scipion, qui ne lui a pas fait moins d'honneur que toutes ses conquêtes. Lorsque ce jeune héros eut pris d'assaut Carthage-la-Neuve (*Carthago nova*), aujourd'hui Carthagène, l'an 210 avant J.-C., on lui amena parmi les captives une jeune personne d'une rare beauté. Quoique sensible aux traits de l'amour, il n'abusa point de son triomphe; dès qu'il sut qu'elle était promise au jeune Allutius, prince des Celtibériens en Es-

[1] On donne ordinairement le nom de bouclier votif à ceux qui, par leur forme ou leur grandeur, et plus encore par la richesse de leur matière, paraissent n'avoir jamais été d'aucun usage dans les combats, mais avoir uniquement été faits dans l'intention de les offrir aux dieux, pour les remercier d'une victoire remportée.

pagne, il respecta les prémices de leur union, et n'usa des droits de la victoire, que pour joindre, aux charmes et à la dot de la princesse, tout ce que ses parens lui avaient apporté pour le prix de sa rançon; il la remit entre les mains de son père et de son amant, et dit à ce dernier : *Je vous l'ai gardée avec soin, pour que le présent que je voulais vous en faire fût digne de vous et de moi : soyez ami de la République, voilà toute la reconnaissance que j'exige de vous.*

Les peuples témoins d'une action si vertueuse et si pure, la consacrèrent sur un bouclier votif, et Scipion ne put refuser ce monument de leur reconnaissance et de leur admiration, auquel la gloire de Rome même était intéressée. Il est très-présumable qu'au retour de l'expédition, le bouclier de Scipion périt au passage du Rhône.

Ce bouclier s'est très-bien conservé sous le sable de ce fleuve, et peut-être mieux que s'il eût été placé dans aucun des temples auquel il pouvait être destiné; il est d'argent pur et parfaitement rond; il a vingt-six pouces de diamètre, et pèse quarante-deux marcs; le goût naïf et tout uni qui règne dans le dessin, dans les attitudes et dans les contours des figures, fait connaître la manière simple de ce siècle.

Comme ce bouclier était couvert d'un limon endurci, qui l'avait rendu extrêmement noir, les pêcheurs qui le trouvèrent crurent qu'il était de fer; un orfèvre, à qui ils le firent voir, les entretint dans cette erreur pour en tirer un meilleur parti; et en effet, ils le lui donnèrent pour peu de chose. L'orfèvre l'ayant nettoyé et poli, n'osa le produire en entier, il le coupa en quatre, et fit passer chaque morceau en différentes villes; celui qu'il envoya à Lyon, y fut porté à un curieux nommé Mey, qui fit revenir et souder les trois autres. Après la mort de cette personne, le bouclier passa à son gendre, fameux négociant de la même ville, mais qui, par la suite, éprouva tant de disgrâces dans le commerce, que ce même bouclier, qu'on qualifiait alors de médaillon, devint une de ses plus grandes ressources. Il l'adressa au P. de La Chaise (en 1697), qui le fit acheter au roi [1].

Description du second bouclier. — Bouclier d'Annibal.

Ce second bouclier votif semble avoir appartenu à Annibal; il est très-bien conservé, exactement rond, à peu près de la même grandeur et du même poids que le précédent; il a vingt-sept pouces de diamètre, et pèse quarante-trois marcs; mais il n'est pas, à beaucoup près, aussi chargé de figures et d'ornemens. On y a seulement représenté, au centre, un lion sous un palmier; et au bas, dans une espèce d'exergue, les membres épars de divers animaux, surtout de sangliers.

En 1714, un fermier de la terre de Passage en Dau-

[1] Voyez Mém. de l'acad. des Belles-Lettres, tome I, page 183, et tome IX, page 154.

phiné, près de Vienne, en labourant son champ, eut sa charrue accrochée par une grosse pierre, dont l'ébranlement rendit quelque son; il employa le reste de la journée à l'enlever, et en étant enfin venu à bout, il trouva au-dessous le bouclier dont il est question. Il le porta le soir même au seigneur du lieu (Gallien de Chabons, conseiller au parlement de Grenoble), qui, ravi d'une aussi belle découverte, donna sur-le-champ à son fermier quittance d'une année entière de sa ferme, lui recommandant seulement le secret sur la découverte et sur la récompense; ensuite il renferma précieusement ce bouclier, qu'il appelait une table de sacrifice, dans une armoire de la sacristie de la chapelle, et l'on n'en eut connaissance qu'après sa mort. Ses héritiers apprirent alors toute l'histoire par son livre de raison, où il avait écrit que, si jamais on se défaisait de cette antiquité, il fallait que ce fût pour avoir en échange un fonds capable d'entretenir un chapelain au château de Passage. Ils résolurent de suivre cet ordre testamentaire; ils envoyèrent le bouclier, toujours appelé table de sacrifice, à M. de Boze, pour savoir s'il conviendrait au cabinet du roi. S. M. l'agréa, le fit payer le double de sa valeur intrinsèque, et il fut placé à côté de celui de Scipion[1].

Il paraît bien étonnant que deux monumens de cette espèce, si rares aujourd'hui, les deux seuls même que l'on connaisse, l'un fait en Afrique, l'autre

[1] Voyez Histoire de l'académie des Belles-Lettres, tome IX, p. 156.

en Espagne, l'un pour le plus redoutable des Carthaginois, l'autre pour le vainqueur de Carthage, se soient comme rassemblés dans un même canton des Gaules si éloigné, et y aient été trouvés au bout de près de deux mille ans, pour être réunis dans un des cabinets du monde le plus digne de les posséder, et le plus propre à les conserver.

On remarque encore dans ce dépôt une patère d'or, trouvée en mars 1774, dans la ville de Rennes; elle a 9 pouces 5 lignes de diamètre, et pèse 5 marcs 3 onces et quelques grains. Au centre de la patère est un bas-relief représentant un défi, entre Hercule et Bacchus, à qui boira le plus. Le limbe est orné de seize couronnes ou encadremens, où sont enchâssées autant de médailles antiques en or. On trouve une ample description et une gravure de cette patère, de son bas-relief et des seize médailles qui l'entourent, dans le premier volume, page 225, des *Monumens de Millin*.

Depuis la révolution, on a transféré, dans ce dépôt, les antiquités contenues dans le trésor de la Sainte-Chapelle du Palais de Paris, antiquités dont fait partie le célèbre camée en agate onyx, représentant l'apothéose d'Auguste. Il n'existe dans aucun cabinet de l'Europe un camée d'une aussi grande dimension: sa longueur est d'environ 1 pied, et sa largeur de 10 pouces; brisé au 7 mars 1618, il fut réparé en 1810; enlevé par des voleurs, on parvint heureusement à le retrouver quelques mois après.

Le 16 février 1804, les conservateurs de la bibliothèque furent avertis qu'on avait formé le projet de voler les raretés qu'elle renfermait. Ce fut en vain qu'ils sollicitèrent, du commandant de la place, le rétablissement d'un poste ou corps-de-garde sous l'arcade Colbert; ils éprouvèrent un refus dans une lettre qui leur fut écrite, et ce refus était motivé sur le peu de troupes disponibles que l'on avait alors à Paris. Malgré les mesures d'une exacte surveillance, des hommes profondément pervers réussirent, quelque temps après, à placer un petit baril de poudre dans l'intérieur même, et sous une des tablettes du cabinet; un de ces malfaiteurs, feignant de s'être donné la mort, pour se soustraire plus facilement aux poursuites de la justice, dévoila, dans une espèce de testament, cet affreux stratagème. La machine infernale fut trouvée à l'endroit indiqué, et très-heureusement ne produisit aucun effet. Si l'explosion, espérée par ces scélérats, eût eu lieu, le vol des précieux antiques se serait infailliblement opéré au milieu de la confusion qu'eût causée un pareil événement. N'ayant pu consommer leur crime, par suite des remords d'un des complices, ces bandits, qui étaient au nombre de huit, n'abandonnèrent pas leur projet : ils profitèrent d'une circonstance qui ne les servit que trop bien. A cette époque on faisait des arrestations dans différens quartiers de Paris; ils crurent l'occasion favorable, et ne la laissèrent pas échapper. Afin de réussir plus sûrement encore, ils employèrent une prudence raffinée : ils commencèrent d'abord par disposer quelques-uns de leurs camarades en sentinelles autour du bâtiment de la Bibliothèque, ils louèrent un fiacre, et donnèrent l'ordre au cocher de faire rouler continuellement sa voiture dans la rue de l'Arcade, pour qu'on n'entendît pas les coups redoublés qu'ils portaient à une des croisées du cabinet, avec un long morceau de bois, ou petit mât, qu'ils avaient dérobé à un bateau en station sur la Seine. Ayant pénétré par ces moyens, dignes de Mandrin et de Cartouche, dans le précieux dépôt, ces brigands volèrent tout ce qui se trouva dans une des armoires, entre autres les couronnes des rois Lombards, le poignard de François Ier, l'agate de la Sainte-Chapelle, donnée par Charles V, en 1573; ils s'emparèrent encore de la coupe de Ptolémée, qui avait appartenu à Suger, et qu'un des voleurs cacha près Laon, dans le jardin de sa mère. C'est là qu'elle fut retrouvée, lorsque le commissaire du gouvernement, Gohier, eut fait arrêter les voleurs en Hollande, au moment où ils étaient près de vendre l'agate de la Sainte-Chapelle, qu'on fut obligé de faire remonter à neuf, ainsi que la coupe de Suger, attendu que les spoliateurs en avaient fondu les encadremens et généralement tout l'entourage. Ces deux bijoux furent à peu près les seuls que le cabinet des antiques put recouvrer; une grande partie des autres objets enlevés avait déjà été vendue et livrée à lord Townley, dont le gouvernement anglais a depuis acheté la riche collection.

Sous le gouvernement impérial, des morceaux très-précieux ont été soustraits à ce cabinet par l'autorité qui existait alors ; et voilà comment ils en étaient sortis.

« Un jour, désirant avoir trois parures nouvelles, Joséphine envoya demander au conservateur des médailles quatre-vingts pierres gravées en creux et en relief. Cette demande fut d'abord poliment éludée par les directeurs de l'administration, qui firent observer qu'ils ne pouvaient se dessaisir du moindre antique, sans une permission écrite et très-précise du ministre de l'intérieur.

» Quelques mois après, le général Duroc et le joaillier de la couronne, munis d'un ordre légal [1], se rendirent à la bibliothèque, et enlevèrent tous les objets précédemment refusés, qui, après avoir été à l'usage de Joséphine, passèrent depuis entre les mains de Marie-Louise.

» En 1814, l'empereur d'Autriche eut la curiosité de visiter le cabinet des médailles ; un des directeurs lui ayant conté tous les détails relatifs à la disparition de ces bijoux, non seulement S. M. promit de les faire restituer, mais elle ajouta que la princesse sa fille les déposerait dans un lieu sûr, où l'on serait à même de les reprendre. Pendant long-temps on ignora ce qu'ils étaient devenus ; mais les recherches des administrateurs, secondées par le zèle du minis-

[1] Un décret fut rendu tout exprès à ce sujet.

tre de la maison du roi, eurent enfin un plein succès. Tous ces antiques ont été retrouvés, et remis à M. Thierry-de-Ville-d'Avray, premier valet de chambre de Sa Majesté. Il serait bien à désirer que ces raretés, disposées maintenant en colliers, en bracelets, en diadêmes et autres ornemens de femme, fussent réintégrés dans l'ancien local, d'où ils n'auraient jamais dû être distraits. »

On rapporte aussi qu'un nommé Aimon, né en Dauphiné, qui étudia successivement à Turin, ensuite à Rome, et revint en France, où il resta 7 à 8 années, fit un second voyage à cette dernière ville, y conçut le projet de changer de religion, projet qu'il exécuta à Berne, où il devint ministre du culte réformé.

De là, il se retira à la Haye, s'y maria, fut pensionné par les États-généraux, et, pendant cinq ans, exerça le ministère dans cette résidence. Lassé de la Hollande, Aimon eut envie de revoir sa patrie, et trouva le moyen, par les correspondances qu'il y entretenait, d'en obtenir la permission du roi, auprès de qui on le fit passer pour un homme qui pourrait rendre de grands services, s'il était ramené au sein de l'église catholique. Il eut donc un passeport de M. de Pontchartrain, arriva en 1706, de Bruxelles à Paris où il fit abjuration du calvinisme, et rentra dans son ancien état. Il lui fut même expédié un brevet du roi pour une pension de 600 francs; et il fut reçu dans le séminaire des missions étrangères par MM. Thiberge et Brisacier qui en étaient les supérieurs. Ce fut à la recommandation de ces Messieurs aussi bien que de l'abbé Renaudot, que ce nouveau converti trouva un libre accès dans la bibliothèque du roi pendant son séjour en cette capitale. M. Clément, alors garde de la bibliothèque du roi, sous M. l'abbé de Louvois, l'y admit comme un homme de lettres dont il n'y avait point à se défier. Aimon feignait de chercher des matériaux pour des mémoires qu'il disait avoir ordre de faire sur des affaires de religion et d'État. Non-seulement on eut la malheureuse confiance de ne lui rien refuser, soit en livres imprimés, soit en manuscrits[1], mais même de l'y laisser travailler à toute heure et sans témoins. Il abusa étrangement de cette confiance qu'on avait en lui. Non content de voler plusieurs manuscrits entiers, il poussa son effronterie jusqu'à détacher, couper et arracher une grande quantité de feuillets dans quelques autres volumes qu'il ne put apparemment pas emporter, entr'autres : les *entretiens de Confucius*, l'*arithmétique chinoise*, un *cahier chinois de géographie*, un *alcoran en grec et en latin, une trentaine de feuillets des épîtres de saint Paul* (l'un des plus anciens manuscrits de la bibliothèque), *quatorze de la bible de Charles-le-Chauve*, un *manuscrit du même roi*, les *lettres de Catherine de Médicis, de Charles IX et d'Henri III à leurs ambassadeurs à Rome*, les *registres des taxes de la chancellerie romaine, et enfin*

[1] A quelques expressions près, tout ceci est tiré d'un manuscrit de la bibliothèque du roi.

trente-cinq feuillets d'un autre manuscrit des Epîtres de saint Paul. Après cette action infâme, ce misérable sortit de Paris au mois de mai 1707, muni d'un passeport de M. de Chamillard, pour se retirer à la Haye, où il alla de nouveau changer de religion; et ce ne fut qu'après l'évasion de ce double renégat qu'on s'aperçut à la bibliothèque des vols qu'il y avait faits.

Une enquête eut lieu; on fit des réclamations relatives à ce délit, et les objets que cet escroc avait déjà vendus furent restitués à la France par Milord Oxfort de Mortimer qui en avait fait l'acquisition.

On remarque aussi dans ce dépôt le fauteuil du roi Dagobert, provenant de Saint-Denis; la table Isiaque, décrite et gravée au tome VII du Recueil d'antiquités de Caylus; l'armure de François Ier, tirée du garde-meuble de la couronne; un manuscrit égyptien sur du papyrus, et une infinité d'autres objets rares et très-précieux dont il n'est pas possible de donner ici l'énumération.

Il est très-heureux que, pendant les désordres de la révolution, ce dépôt, qui renferme tant de richesses métalliques, n'ait pas été détruit.

Enfin, on compte dans le dépôt d'antiquités environ 100,000 médailles anciennes[1], sans y comprendre plusieurs acquisitions nouvelles dont une toute ré-

[1] Pour la description, on peut consulter la notice qui se vend 1 fr. au cabinet des médailles.

cente, venant de M. Consinery, au nombre de 20,000 médailles anciennes, achetées 60,000 fr.; de plus, la collection de pierres gravées, étrusques, persépolitaines; de scarabées et momies d'Égypte, recueillis par M. Cailliaud, auteur du Voyage à Méroë et au Fleuve Blanc, excellent ouvrage qui vient d'être terminé.

Le dépôt des estampes et gravures contient près de 1,200,000 pièces renfermées dans plus de 6,000 portefeuilles (M. Duchesnes aîné en a donné une description très-exacte); celui des manuscrits, est riche au-delà de cent mille.

La bibliothèque sous le roi Jean, au quatorzième siècle, se composait seulement de 8 à 10 volumes.

Sous Charles V, son successeur, le nombre des livres s'éleva à 910 volumes;

Sous François Ier, à 1,890;

Sous Louis XIII, à 16,746.

En 1684, sous Louis XIV, le nombre de ces livres, sans y comprendre les manuscrits de Brienne et de Mézeray, ni les divers recueils d'estampes et de cartes, s'élevait à 50,542 volumes.

Avant la révolution, on évaluait le nombre des livres imprimés, sans y comprendre une grande quantité de pièces détachées, contenues dans des portefeuilles, à environ 200,000 volumes.

On y compte aujourd'hui 450,000 volumes imprimés, et pareil nombre de pièces fugitives placées dans des cartons. L'intérieur de l'établissement ne peut être mieux tenu. On connaît le zèle infatigable, du savant à qui l'on doit, en grande partie, l'ordre admirable qui préside à cette prodigieuse collection.

La bibliothèque royale s'accroît annuellement de 6,000 ouvrages français, et de 3,000 étrangers; ce qui permet de croire qu'en 50 ans ce magnifique établissement aura doublé ses richesses littéraires.

§ IV. — BIBLIOTHÈQUE DE MONSIEUR,

A L'ARSENAL.

MM. Charles Nodier ✻, bibliothécaire;
Saint-Martin, membre de l'Institut, conservat.-adminiist.

Sous-bibliothécaires :

MM. Vieillard, Lagrange fils.

Conservateurs :

MM. le comte d'Hanache ✻, le chevalier de Pont ✻, le chev. Amyot ✻; Caïx, Amelot, adjoints.

Ouverte tous les jours (excepté les fêtes) de 10 à 2 heures. Vacances du 15 septembre au 3 novembre.

Cette bibliothèque est remarquable par le nombre et le choix des livres dont elle se compose. Son premier fonds vient du marquis Paulmy d'Argenson, amateur éclairé, qui, unissant à une grande fortune l'amour des lettres et des livres, forma cette belle bibliothèque, en la composant de tous les genres de curiosités et d'antiquités littéraires ou autres. Dans le cours des différentes missions diplomatiques dont il fut chargé, il recueillit tout ce qu'il trouva d'intéressant, soit en monumens historiques, soit en littérature étrangère. Il acquit les fonds de Barbazan, de Lacurne de Sainte-Palaye et autres; il rassembla aussi une collection d'estampes, de médailles et un cabinet d'histoire naturelle. Les héritiers du marquis cédèrent cette bibliothèque, vers 1785, à M. le comte d'Artois (aujourd'hui S. M. Charles X). En 1787, on y joignit la deuxième partie de la bibliothèque du duc de la Vallière, dont le catalogue, rédigé par le libraire Nyon, forme six forts volumes in-8°. Pendant le cours de la révolution, cette bibliothèque fut prodigieusement augmentée d'un bon choix de livres recherchés dans tous les dépôts existans à cette époque; M. Ameilhon est l'un des premiers bibliothécaires qui ait le plus contribué à son accroissement par ses recherches continuelles. M. Godin, qui succéda à M. Ameilhon dans sa place, se montra en tout son digne successeur, en apportant dans l'administration de cette bibliothèque les soins et la laborieuse exactitude dont son prédécesseur lui avait donné l'exemple. On lui doit, en grande partie, l'ordre qui règne dans ce bel établissement qui contient près de 200,000 volumes et 10,000 manuscrits. M. Godin est mort en 1827[1].

Une ordonnance du roi, en date du 25 avril 1816,

[1] Il a été remplacé par M. Charles Nodier, dont la réputation est si connue dans le monde littéraire.

a remis cette bibliothèque en la possession de MONSIEUR dont elle porte le nom. Après celle du roi, la bibliothèque de MONSIEUR est la plus intéressante.

---

§ V. — BIBLIOTHÈQUE MAZARINE,

PALAIS DES BEAUX-ARTS.

M. PETIT-RADEL ✻, membre de l'Institut, bibliothécaire, administrateur perpétuel.

Conservateurs :

MM. AMARD, DE FELETZ, OSMOND, DILLON, GUILLON, PIGNOTEL.

Sous-bibliothécaires :

MM. ARSÈNE, THIÉBAUT; GOUJON, économe.

Ouverte tous les jours (excepté les jeudis et les jours fériés) de 10 à 2 heures. Vacances du 15 août au 10 octobre.

Cette bibliothèque fondée, dotée, et ouverte au public, rue de Richelieu, en 1648, fut léguée en 1661 par le cardinal Mazarin au collége de son nom, adoptée comme fondation royale en 1665 par lettres-patentes de Louis XIV, et transférée dans son local actuel en 1688. Elle remplissait plusieurs pièces occupées actuellement par la bibliothèque royale, et, pour épargner aux habitués le désagrément d'avoir affaire aux laquais de l'hôtel du cardinal Mazarin, on avait pratiqué une entrée par la rue de Richelieu. Depuis huit heures du matin jusqu'à onze, et depuis deux heures de relevée jusqu'à cinq, tous les jeudis, il s'y rassemblait quatre-vingts à cent personnes ; et les autres jours de la semaine, les savans les plus célèbres y venaient conférer entre eux[1] ; on fait même remonter l'ouverture de cette bibliothèque à 1644, puisque dans le *Traité des plus belles bibliothèques*, du Père Jacob, page 487, on lit que celle du cardinal Mazarin était *commune à tous ceux qui voulaient y aller étudier, au grand contentement des doctes.*

Le premier fonds de cette bibliothèque se composa d'abord de 6,000 volumes de la collection de Descordes, chanoine de Limoges, et s'accrut ensuite d'un nombre égal que Naudé choisit chez les libraires de Paris, dans l'année même où l'acquisition précédente fut faite. Aussi, dès l'an 1644, le cardinal aurait pu offrir à la curiosité des lecteurs 12,000 volumes. Naudé, par suite de divers voyages, rapporta un grand nombre de livres ; à Rome, il les achetait en bloc, et, pour ainsi dire, à la toise[2] ; de là, il passa en Allemagne, d'où il rapporta 4,000 volumes. Enfin, le nombre des livres que ce savant rassembla, soit à Paris, en Italie et en Allemagne, s'élève à 30,000 volumes, ce qui, joint à ceux de la bibliothèque du cardinal de Tournon et à d'autres livres rapportés de la Hollande, au nombre de 10,000 volumes, portait cette collection à 40,000.

Cette belle bibliothèque doit aux recherches de

[1] Jugement de tout ce qui a été imprimé, etc., pag. 214 — 246. (Naudé.)

[2] Voir les recherches sur les bibliothèques par M. Petit-Radel, in-8°.

ce savant un grand nombre de pièces rares qu'on ne trouve plus dans aucune autre.

Elle s'accrut successivement d'un grand nombre de livres, au point qu'elle en contient aujourd'hui près de 100,000, avec environ 4,000 manuscrits.

La bibliothèque Mazarine demeura sous l'administration et la direction de la maison et société de Sorbonne, depuis le 14 avril 1688, date du contrat passé entre les exécuteurs testamentaires du cardinal et les docteurs de cette maison, jusqu'au 7 mai 1791, époque où la remise de cette bibliothèque fut faite par Luce-Joseph Hooke [1], à l'occasion de son refus de prêter serment à la constitution civile du clergé; ensuite cette bibliothèque a été réunie, ainsi que les trois autres principales, aux attributions du ministère de l'intérieur.

§ VI. — BIBLIOTHÈQUE DE L'INSTITUT.

MM. FEUILLET, bibliothécaire,
BOULANGER, AUDOUIN, } sous-bibliothécaires.

Cette bibliothèque, quoique moins nombreuse que la précédente, est très-précieuse sous beaucoup de rapports, et surtout en ouvrages modernes. Elle est destinée particulièrement à MM. les membres de l'Institut et autres savans. On y peut être admis, étant

[1] On lui doit un traité en latin, de la religion naturelle et révélée, 3 vol. in-8°, 1774.

présenté par l'un des académiciens. Elle contient près de 80,000 volumes et est placée dans le même local que la bibliothèque Mazarine; séparée toutefois d'avec cette bibliothèque, à laquelle elle avait été réunie, par une ordonnance du roi, du 16 décembre 1819, elle en a été définitivement séparée de nouveau par une nouvelle ordonnance du 16 décembre 1821. C'est dans cette bibliothèque que se trouvent les manuscrits de Godefroy, au nombre de plus de 500 volumes. (Voy. Bibliothèque de la ville.) Elle reçoit aussi beaucoup de livres des pays étrangers.

§ VII. — BIBLIOTHÈQUE DE SAINTE-GENEVIÈVE.

MM. FLOCON, bibliothécaire, administrateur perpétuel;
LE CHEVALIER, premier conservateur, à la Bibliothèque.

MM. DE VILLEVIEILLE ✻, DREVET, seconds conservateurs;
HALMA, troisième conservateur;
ROBERT ✻, quatrième conservateur;
CAMPENON ✻, conservateur adjoint.
MASSABIAN, sous-bibliothécaire, à la Bibliothèque.

Ouverte tous les jours, excepté les dimanches et les fêtes, depuis 10 jusqu'à 2 heures; en vacance, depuis le 1er septembre jusqu'au 2 novembre.

Cette bibliothèque qui n'existait pas encore lorsque le cardinal de Larochefoucauld fut nommé, en 1623, abbé commendataire de Sainte-Geneviève, est devenue, par degrés, l'une des plus considérables et des plus curieuses de Paris. Les PP. Fronteau et Lallemand, qu'on doit en regarder comme les fondateurs, y rassemblèrent, en peu d'années, 7 à 8,000 volumes. Le P. Dumolinet l'augmenta considérablement, et y ajouta un cabinet d'antiquités, composé, en grande partie, de ce qu'il y avait de plus rare dans celui du fameux Peiresc. Enfin, le legs que M. Le Tellier, archevêque de Reims, fit à cette maison, de sa belle bibliothèque, et les acquisitions successives que l'on ne cessait de faire, l'avaient tellement accrue, qu'au commencement de la révolution on y comptait environ 80,000 volumes et 2,000 manuscrits. Elle était placée dans une galerie construite en forme de croix, et surmontée d'un dôme. Ce bâtiment, qui existe encore, a, dans sa plus grande dimension, 53 toises de longueur. Les côtés de la croix sont inégaux, et c'était pour faire disparaître aux yeux cette irrégularité, qu'on avait peint une perspective sur le mur de l'un d'eux. Cette bibliothèque était alors ornée de bustes en marbre ou en plâtre de plusieurs hommes illustres. On y voyait entre autres ceux de Colbert, de Louvois, du chancelier Le Tellier, de Jules Hardouin, de Mansard, d'Arnauld, etc., exécutés par Girardon, Coisevox, Coustou, etc.

Le cabinet de curiosités, bâti en 1753, deux ans avant la bibliothèque, faisait suite à ce bâtiment. Il renfermait une grande quantité de morceaux précieux d'histoire naturelle; des antiquités étrusques, grecques, égyptiennes, romaines; une collection de médailles anciennes et modernes, dont plusieurs parties étaient complètes, et qui jouissait de la plus grande estime parmi les antiquaires, etc., etc.

Cette bibliothèque est composée actuellement de 100,000 volumes et de 2,000 manuscrits.

---

§ VIII. — BIBLIOTHÈQUE DE LA VILLE DE PARIS,

Cloître Saint-Jean, N° 1er, derrière l'Hôtel-de-Ville.

MM. Rolle, bibliothécaire;
Bailly, sous-bibliothécaire;
Bailly Prosper, employé.

Ouverte de midi à 4 heures; en vacance du 1er septemb. au 15 oct.

Paris, ce vaste abrégé de l'univers, cet immense dépôt de toutes les richesses de l'art et de la nature, renfermait plusieurs bibliothèques célèbres, et cependant cette ville n'en avait point encore qui lui appartînt en propre. M. Morieau, magistrat zélé, connu par sa probité, son goût pour les sciences et son attention continuelle au bien public, a voulu être encore utile à ses concitoyens après sa mort, arrivée le 20 mai 1759. Étant procureur du roi en la juridiction de cette ville, il avait toujours desiré qu'il y eût, à l'Hôtel-de-Ville, une bibliothèque publique, à l'instar de celle de Lyon. Dirigé par ces intentions généreuses, il s'efforça toute sa vie de faire un grand nombre d'acquisitions de livres en tout genre de littérature, et laissa à la ville de Paris, par son testament, à la charge de la rendre publique, sa bibliothèque, composée de 14,000 volumes imprimés, et de 2,000 manuscrits, dont le plus grand nombre, très-curieux. Le plus rare était le recueil de Godefroy, consistant en 500 cartons, où se trouve un nombre prodigieux de pièces, de mémoires, de lettres originales de papes, de rois, de princes, de ministres, depuis le règne de Philippe-le-Bel jusqu'à celui de Louis XIV, sans compter près de 100 grands cartons remplis de cartes géographiques, d'estampes, de plans de villes; plus de 500 portefeuilles, contenant des pièces fugitives imprimées, sur toutes sortes de matières; et près de 20,000 pièces en parchemin, médailles et jetons. MM. les prévôts des marchands et échevins, sentant combien un pareil établissement, formé sous leurs auspices, était glorieux pour eux et digne de leur amour pour les lettres, s'empressèrent de concourir aux vues de feu M. Morieau; mais n'y ayant pas encore de local à l'Hôtel-de-Ville, capable de contenir cette bibliothèque, on la plaça à l'hôtel de Lamoignon, rue Pavée, au Marais. Il s'agissait d'arranger toutes ces diverses parties, d'en faire le catalogue, de tenir registre des imperfections, en un mot de mettre ce trésor en état d'être un bien public.

M. de Pontcarré de Viarmes avait prudemment jeté les yeux sur M. Bonamy, pour le charger du soin et de l'arrangement de cette bibliothèque. Cet homme savant qui, par ses talens littéraires et la manière brillante dont il avait rempli les diverses fonctions auxquelles il avait été appelé, avait mérité la qualité de pensionnaire de l'Académie royale des belles-lettres, et le titre d'historiographe, fut en effet le premier bibliothécaire de cette bibliothèque, et nommé, par délibération du bureau de la ville, le 11 septembre 1760.

M. Bonamy employa les dernières années de sa vie à donner à cette collection une forme régulière et commode au public; M. Ameilhon, sous-bibliothécaire, ne cessa de partager ses soins et ses travaux pendant 16 ans.

La nouvelle bibliothèque, à laquelle M. Bonamy avait joint deux mille volumes qui composaient son cabinet, quelque précieuse qu'elle fût, n'était encore que le noyau de celle qui devait un jour devenir digne de la splendeur et de l'étendue de la capitale de la France; de même que Paris, qui, sous son nom de Lutèce, reconnaissait d'abord plusieurs autres villes supérieures à elle; sans doute, comme elle, la bibliothèque, qui en est une dépendance, prendra les mêmes accroissemens.

Cette bibliothèque fut ouverte au public, pour la première fois, le 13 avril 1763.

M. Bonamy, inspiré par le génie de notre ville, en avait tracé le caractère dans un distique qu'il avait proposé d'inscrire sur la porte d'entrée, et que voici:

« Corporis immensi dum victum et commoda curat,
« Hìc animis doctas urbs quoque pandit opes.

Il avait fourni une assez longue carrière, sans écart ni lassitude; ses dernières années ne différaient des premières que par la douce facilité que donne à la vertu une longue et constante habitude. Aussi ferme dans le bien que complaisant dans le commerce de la vie, tendre à l'égard de ses amis, et obligeant envers tous les hommes, tel fut M. Bonamy.

Il ne faut pas qu'on s'imagine qu'un bibliothécaire public ne soit, en raison d'un savant, que ce qu'est, par rapport à un livre, la table des matières; il ne suffit pas pour lui de connaître sa bibliothèque, il faut qu'il soit lui-même une espèce de bibliothèque vivante. Sans parler de la bibliographie qui, grâce à l'activité infatigable de la presse, devient tous les jours une plus vaste nomenclature, il a besoin d'une érudition assez variée, pour n'être étranger à aucun genre de savoir; d'une érudition qui embrasse assez de détails pour qu'il soit en état d'indiquer à ceux qui viennent le consulter sur les ouvrages qu'ils entreprennent, les sources où ils peuvent puiser; d'une sagacité rare pour deviner les énigmes des consultans, et redresser leurs à-peu-près; d'une politesse, d'une patience à toute épreuve, pour écouter, sans rire, des questions ridicules; pour apprendre aux ignorans ce qu'ils doivent demander; pour leur prêter son savoir, et les renvoyer satisfaits de celui qu'ils s'attribuent : toutes ces qualités se trouvèrent dans M. Bonamy. Il mourut, à Paris, le 8 juillet 1770.

M. Ameilhon (Hubert-Pascal), né à Paris le 5 avril 1730, censeur à l'Académie royale des inscriptions et belles-lettres, membre de la légion-d'honneur, de l'Institut de France, etc., succéda à M. Bonamy, dans la place d'historiographe et de bibliothécaire de la ville, emploi qu'il occupa jusqu'en 1797, époque à laquelle il fut appelé à celle d'administrateur perpétuel de la bibliothèque de l'Arsenal, où il est décédé le 14 novembre 1811.

De l'hôtel Lamoignon, la bibliothèque de la ville fut transférée dans la maison de Saint-Louis (collége Charlemagne, rue Saint-Antoine). On y joignit les bibliothèques de MM. Gilles Ménage, Charles Guyet et Pierre Daniel, et elle fut ouverte dans ce nouveau local, le 16 juin 1773, où elle resta intacte jusqu'en 1793, qu'elle prit le nom de *Bibliothèque de la Commune,* nom qu'elle garda jusqu'au moment où elle a été transférée à l'Institut, pour remplacer celle qui y était auparavant, et qui avait disparu dans ces temps d'orages et de persécution.

C'est dans cette bibliothèque (aujourd'hui de l'Institut) que M. Ameilhon puisa ses premières connaissances en bibliographie. Aussi, pénétré de l'utilité immense des bibliothèques, porta-t-il toute son attention et ses soins à la conservation de ces précieux dépôts. Une grande partie des bibliothèques publiques se sont enrichies, par ses soins, des meilleurs ouvrages sur la littérature ancienne; et il veilla à leur conservation avec autant de zèle que de désintéressement. Sa conduite mérite d'autant plus d'éloges que c'était à une époque où, pour défendre la cause des bonnes-lettres, il fallait lutter contre un genre de scytalisme [1]

[1] Sur ce parallèle, voyez *Diodor. Sicul., Hist. lib. XV*, p. 487, s. 58.

bien plus barbare que celui dont Diodore de Sicile nous a laissé l'histoire, puisqu'il ne s'agissait de rien moins que d'anéantir en France les sources premières des connaissances humaines, pour ne plus répandre, au détriment de tous les autres genres de littérature, que les productions dégénérées de la seule langue qui ait jamais préconisé ses fureurs.

M. Ameilhon a déployé une partie de ses connaissances bibliographiques, en rectifiant le système de la classification des livres. Ce savant n'attendait pas qu'on vînt l'interroger : il cherchait lui-même à connaître le genre auquel on s'appliquait, et bien souvent il révélait à l'auteur des sources inconnues; on pourrait citer plusieurs ouvrages qui sont le fruit de recherches considérables, et qui sont nés dans les cabinets de la bibliothèque de l'Arsenal; entre autres, nous indiquerons l'*Histoire de la Diplomatie*, par M. de Flassan.

M. Bouquet, avocat au parlement, a été historiographe et bibliothécaire de la ville, avec M. Ameilhon, depuis 1773 jusqu'en 1781; ensuite il y resta seul jusqu'en 1797, où il a passé à celle de l'Arsenal (ou de Monsieur).

M. Nicoleau (Pierre) fut ensuite nommé bibliothécaire de cette bibliothèque, devenue celle de l'Ecole centrale de la rue Saint-Antoine; et, par suite, lors de la suppression des écoles à Paris, cette bibliothèque, qui avait repris son ancien titre en l'an 13 (*Bibliothèque de la ville*), fut transportée dans l'hôtel des

Vivres, rue Saint-Antoine, n° 110, où elle est restée jusqu'en 1817.

M. Nicoleau fut le créateur de la bibliothèque actuelle de la ville qui remplaçait celle provenant du legs fait jadis par M. Morieau; mais ce ne fut pas sans beaucoup de peine et de soins qu'il réussit dans son entreprise avec les collaborateurs qu'il s'était adjoints, puisqu'il ne restait pas un seul volume de l'ancienne, et qu'ils furent obligés de faire de grandes recherches dans les dépôts littéraires, pour former de nouveau cette bibliothèque.

On doit aussi à M. Migon (André), qui a été employé à cette bibliothèque pendant 29 ans, le bon ordre qui règne dans cet établissement; pendant ce laps de temps, il n'a cessé d'y apporter tous ses soins. Chargé, à trois époques différentes, de présider aux translations auxquelles fut sujette cette bibliothèque, on peut aisément se figurer que de peines et de soins il lui a fallu pour opérer ces déménagemens successifs. M. Nicoleau est mort le 28 mars 1811, et M. Migon le 2 décembre 1823 [1].

M. Rolle (Nicolas-Pierre), ancien administrateur du département de la Côte-d'Or, connu par ses re-

[1] On a de ce dernier 1° un livre intitulé : *Aux mânes de Louis XVI et de Marie-Antoinette*, in-18, Paris, 1816; 2° *Description du département de l'Oise*, 4 vol. in-8°, manuscrit acquis par M. Jacob, imprimeur à Versailles; 3° *Abrégé historique de l'origine de l'office divin, des Hébreux, des Chrétiens, etc., etc., depuis saint Pierre jusqu'à nos jours*; 4° *Annales historiques de la milice bourgeoise de la ville de Paris, depuis les premiers temps de la monarchie fran-*

cherches sur le culte de Bacchus, etc., a succédé à M. Nicoleau en qualité de bibliothécaire de la ville, le 28 mars 1810.

M. le comte de Chabrol, préfet du département de la Seine, dont les profondes connaissances répondent à ses talens comme administrateur, et dont les soins paternels s'étendent à tout ce qui est utile à ses administrés, désirant donner à cette bibliothèque un local plus convenable et plus digne de la capitale, fit transporter cet établissement de la rue Saint-Antoine, où elle occupait un appartement à location, à l'Hôtel-de-Ville, dans les salles Saint-Jean, que ce magistrat avait fait disposer à cet effet; en même temps, il affecta des fonds particuliers à cette bibliothèque, pour lui faciliter un accroissement annuel; elle contient dans ce moment plus de 45,000 volumes, dont la plupart sont des livres modernes, mais dont elle ne possède aucun exemplaire en double.

Cette bibliothèque est l'une des plus fréquentées de la capitale; elle est ouverte au public tous les jours, excepté le mercredi et les jours de fêtes; la Société

çaise, primitivement sous Charles VI vers 1383, *sous la direction de Marcel, prévôt de Paris, et connue depuis* 1789 *sous le nom de garde nationale, contenant tout ce qui s'est passé de plus remarquable en sa faveur, etc., jusqu'en* 1823; *deux volumes* in-f° *de* 1500 *pages, manuscrit extrait de divers ouvrages historiques, civils et militaires, etc., etc., recueilli et mis en ordre par André Migon, chasseur dans la* 9e *légion de Paris, employé à la bibliothèque de la ville pendant* 29 *années.* (Ces deux derniers ouvrages n'ont point encore été imprimés.)

royale d'Agriculture tient ses séances dans l'une des salles les mercredi de chaque semaine.

Les sociétés Philotechniques de l'Athénée des arts et de médecine se réunissaient aussi dans cet établissement, dont l'entrée était interdite au public six jours dans le mois; mais M. le comte de Chabrol désirant remédier à cet inconvénient, a, par un arrêté du 18 décembre 1825, assigné un autre local à ces trois Sociétés qui se réunissent actuellement dans l'Hôtel-de-Ville.

Nous donnons ci-après la nomenclature nominale des villes de France et de quelques autres, dont l'histoire se trouve à la bibliothèque de la ville, en y joignant le nom des auteurs. Nous croyons faire une chose agréable et utile à ceux de nos lecteurs qui s'occupent plus spécialement d'histoire, en leur mettant sous les yeux une table alphabétique qui leur indique exactement les sources historiques où ils pourraient puiser avec facilité les documens qui leur seraient nécessaires.

---

§ IX. — *Table alphabétique des villes et provinces de France et autres dont l'histoire se trouve à la bibliothèque de la ville.*

A

Abbeville.	par *Devérité.*
id.	*Sanson.*
id.	*Jésus-Maria.*
Aix-la-Chapelle. .	*Beck.*
Aix-la-Chapelle. .	par *Maichin.*
id.	*Martin.*
id.	*Pitton.*
Aix-en-Provence.	»
Alençon.	*Bry de la Clergerie.*

B

Bourgogne. . . . . par	*Jourdain.*
id.	*Mille.*
id.	*Pulliot.*
id.	*Paradin.*
id.	*Perard.*
id.	*Plancher.*
id.	*Dunod.*
id.	*Reveil du Chyndonax.*
id.	*Heuterus.*
id.	"
id.	*Querret.*
Bourguignons . .	*Saint-Julien.*
id.	*Vignier.*
Bresse et Bugey.	*Guichenou.*
Bretagne	*Guyot des Fontaines.*
id.	*Lebaud.*
id.	*Lobineau.*
id.	*Dargentré.*
id.	*Morin.*
id. (petite).	*Vignier.*
id.	*Bourgneuf.*
id.	*Lesconvel.*
id.	*Irail.*
id.	*Desfontaines.*
id.	*Deric.*
Bretons.	*Vertot.*
Brie.	*Lepelletier.*
Briquebec.	*Lemonnier.*
Brive la Gaillarde	"

C

Caen.	*Huet.*
Calais.	*Bernard.*
id.	*Lefèvre.*
id.	*Verdun.*
Cambrai.	*Lecarpentier.*
Carcassonne. . . .	*Bouges.*
id.	*Besse.*
Castres.	*Defos.*
id.	*Borel.*
Catalogne françe. par	*Caseneuve.*
Châlons s. Saône.	*Bertaut.*
id.	*Perry.*
Chambord.	*Gilbert.*
Champagne. . . .	*Baugier.*
id.	*Lepelletier.*
Charollais.	*Rymon.*
Chartrain (pays).	*Doyen.*
Chartres.	*Rouillard.*
id.	*Sablon.*
Château-Landon.	"
Châtillon – sur – Seine.	*Legrand.*
Cherbourg. . . .	*Reton Dufresne.*
id.	*Dechantereyne.*
Ciotat.	*Marin.*
Clermont.	*Savaron.*
id.	*id.*
Corbeil.	*Barre (de la).*
Coucy.	*Duplessis.*

D

Dauphiné.	"
id.	*Chorier.*
id.	*Valbonnais.*
Dieppe	"
Dijon (Dissertations sur) . . .	"
id.	*Boulier.*
id.	*Fyot.*
id.	*Mangin.*
id.	"
Dôle.	*Boivin.*
Dombe.	*Cachet de Garnesan.*
Dourdan	*Lescornay.*
Dunkerque. . . .	*Fauconnier.*

E

Évreux.	*Lebrasseur.*

Évreux.	par *Masson.*

F

Falaise.	*Langevin.*
Flèche (la). . . .	*Marchant de Burbure.*
Foix.	*Olhagaray.*
id.	*Perrière.*
Fontainebleau. .	*Guilbert.*
id.	*Dauff.*
Forez.	*Mure (de la).*
France et Bourgogne.	*Jourdain.*
Franche-Comté. .	»
id.	*Joly.*
Fréjus.	*Anselme.*
id.	*Jirardin.*

G

Gascogne.	*Columbus.*
id.	*Oihenart.*
Gâtinais.	*Morin.*
Gaule Narbonnaise.	*Mandajori.*
Gerberoy.	*Pillet.*
Guise.	*Verdun (de).*

H

Hâvre-de-Grâce. .	*Bleville.*
id.	*Pleuvry.*

L

La Haye.	*Bruining.*
Languedoc	*Catel.*
id.	*Domergue.*
id.	*Lamoignon Basville (de).*
id.	*Astruc.*
id.	*Trouvé.*
id.	*Ascneuve.*
Languedoc.	*Louvet.*
id.	*Vaissette.*
Languedoc (Armoiries du) . .	par *Beaudeau.*
Languedoc	*D. . .*
Laon.	*Lelong.*
id.	*Devisme.*
Libourne.	*Souffraïn.*
Lihous en Picardie	»
Lille.	*Moutlinot.*
id.	»
id.	*Tiroux.*
id.	*Floris-Van-der-Haër.*
Lillebonne (*Hâvre*)	*Rever.*
Limagne (*Auvergne*).	»
Lorraine.	*Calmet.*
id.	*Chevrier.*
id.	*Durival.*
id.	*Barrois.*
id. et Bar.	*Andreu.*
id.	*Remi.*
id.	*Bexon.*
Loudun.	*Dumoustier de Lafond.*
Luxembourg et Chiny.	*Bertholet.*
Lyon.	*Brossette.*
id.	*Colonia.*
id.	*Menestrier.*
id.	*id.*
id.	»
id.	*Paradin de Cuyseaux.*
id.	*Pernetti.*
id.	*Poullin Delumina.*
id.	*Severtius.*
id.	*Spon.*
id.	*Chaussonet.*
id.	*Marca.*
id.	*St.-Aubin.*

M

Magdebourg (Allemagne) . . . par	*Berghaver.*
Mans.	*Boudonnet.*
id.	*Le Courvaisier de Courteillis.*
id.	*Blondeau.*
Marseille (port).	»
id.	*Guesnay.*
id.	*Guys.*
id.	*Lemaire.*
id.	*Martin.*
id.	*Raymont.*
id.	*Ruffy.*
id.	*Bertrand.*
id.	*Chardon.*
Meaux.	*Duplessis.*
Melun.	*Rouillard.*
Metz.	*Cajot.*
id.	*François.*
id.	*Meurisse.*
id.	*Salignac.*
Montauban. . . .	*Lebret.*
Montdidier. . . .	*Daire.*
Montfort-l'Amaury.	*Lhermitte.*
Montpellier. . . .	*Daigrefeuille.*
id.	*Gariel.*

N

Nancy.	*Andrein.*
Nantes.	*Guimar.*
id.	*Trébuchet.*
Narbonne.	*Besse.*
Navarre.	*Galland.*
Navarre en Flandres.	*Favyn.*
id.	»
Neustrie.	*Bourgueville.*
Niort.	*Augier.*
Nismes. . . . . . . par	*Chaumette.*
id.	*Poldo d'Albenas.*
id.	*Menard.*
id.	*id.*
Nivernais.	*Coquille.*
Normandie.	»
id.	*Anneville.*
id.	*Dumoulin.*
id.	*Goube.*
id.	*Lourse.*
id.	*Martin Lemégissier.*
id. (Haute). .	*Duplessis.*
id.	*Orderic Vital.*
id.	*Cadet Gassicourt.*
id.	*Dumesnil.*
Normands.	*Duchesne.*
Noyon.	*Levasseur.*

O

Orange.	*De la Pise.*
id.	*Sisteron.*
Orléanais.	*Luchet.*
Orléans.	*Guyon.*
id.	*Lemaire.*
id.	*Polluche.*
id.	*Saussaye.*

P

Picardie.	*Devérité.*
id.	*Haudiquer de Blancourt.*
Poitiers.	*Besly.*
Poitou.	*id.*
id.	*Maichin.*
id.	*Thibaudeau.*
Ponthieu (comté de).	*Devérité.*
Provence.	*Bouche.*
id.	»

Strasbourg. . . . par *Fargés Méri-court.*	Tulle. . . . . par *Baluze.*
Suisse. . . . . . . *Planta*, (en anglais.)	Turin. . . . . *Paroletti.*
T	**V**
Taurœntum. . . . *Martin.*	Vaison. . . . . . . *Anselme Boyer.*
Thouars. . . . . . *Berthre de Bournisaux.*	Valence. . . . . . *Catellan.*
Toul. . . . . *Le P. Benoit.*	Valenciennes. . . *Outreman.*
Toulon. . . . . . *Martin.*	Valois. . . . . . . *Carlier.*
id. . . . . *Autrechamp.*	Valois Royal. . . *Bergeron.*
Toulouse. . . . . *Audibert.*	*id.* . . . . *Muldrac.*
id. . . . . »	Venaissin et Provence. . . . . *Perussiis.*
id. . . . . *Bertrand.*	Vermandois. . . . »
id. . . . . *Lafaille.*	*id.* . . . . *Colliete.*
id. . . . . *Raynal.*	Versailles. . . . . *Monicart.*
Toulousaine. . . . *Noguier.*	*id.* et Marly. *Piganiol.*
Touraine. . . . . *Maan.*	*id.* . . . . *Vaisse de Villiers.*
id. . . . . *Marteau de St-Gatien.*	Verdun. . . . . . *Roussel.*
Tournai. . . . . . *Cousin.*	Vervins. . . . . . »
id. . . . . *Pontrain.*	Vienne. . . . . . *Lelièvre.*
Tournus. . . . . . *Chifflet.*	*id.* . . . . *Charvet.*
Tours. . . . . . . *Duvergé.*	*id.* . . . . *Chorier.*
Tricastin. . . . . *Camusat.*	Villefranche. . . . *De Bussières.*
Troyes. . . . . . . *Grosley.*	Vincennes. . . . . »
id. . . . . *Lemaire de Belges.*	Vosges. . . . . . . *Ruyr.*

Les lecteurs seront peut-être surpris de ne pas voir dans la table que nous donnons ci-dessus, figurer parmi les noms des villes de France, celui de la capitale du royaume ; mais ils doivent bien penser que cette omission est toute volontaire de notre part. La bibliothèque de la ville de Paris doit nécessairement plus encore qu'aucune autre, renfermer tous les ouvrages qu'on a publiés jusqu'à nos jours sur la ville dont elle est la propriété. C'est précisément à cause du grand nombre des ouvrages de ce genre qu'elle possède, que nous en avons supprimé la nomenclature aussi riche que variée.

§ X. — BIBLIOTHÈQUE DE L'ARCHEVÊCHÉ.

Elle est placée au premier étage, dans une grande pièce qui donne sur le jardin de l'Archevêché, et garnie d'armoires tout autour; les livres sont rangés sur un double rang, du bas en haut. Cette bibliothèque se compose d'environ 14,000 volumes, tous livres de théologie ancienne. Elle n'a aucun fonds destiné à son accroissement; il serait à désirer, et même convenable qu'on réparât cet oubli.

§ XI. — BIBLIOTHÈQUE DES AVOCATS,

Au Palais-de-Justice, près le tribunal criminel.

M. Marnier, bibliothécaire.

Cette bibliothèque, qui primitivement était placée dans une des galeries de l'Archevêché, provenait d'un don fait en 1704, par Etienne-Gabrian de Riparfond, avocat au parlement, qui légua cette bibliothèque à ses confrères avec des fonds pour l'entretenir, à condition qu'elle serait ouverte à tout le monde, certains jours de la semaine.

L'ouverture s'en fit avec beaucoup de solennité le 6 mai 1712; la cérémonie commença par une messe qui fut célébrée par le cardinal de Noailles, dans la chapelle haute de l'Archevêché; le corps des avocats y assista. S. E. et tous ceux qui composaient cette assemblée se rendirent ensuite dans la bibliothèque, où le bâtonnier des avocats prononça un discours dans lequel il s'attacha à prouver l'utilité de cet établissement. Cette bibliothèque était ornée des portraits de plusieurs magistrats, et de ceux de quelques avocats fameux, tels que MM. de Riparfond, Gilles Bourdin, Jérôme Bignon, Jacques Talon, Denis Talon, Chrétien-François de Lamoignon, Joseph-Omer Joly de Fleury, Gorillon, Jean-Marie Ricard, Germain Billard, Jean Isalis, Fourcroy, Louis Dupré et Denis Lebrun.

Les fonds légués par M. de Riparfond, ne pouvant pas suffire à l'entretien de la bibliothèque, pour y remédier, un arrêt du parlement du 31 août 1712 augmenta d'un cinquième la somme de 20 liv. qui se payait pour droit de chapelle par les officiers, avocats et procureurs, à leur réception, et on attribua cette augmentation d'un cinquième, à l'entretien de cette même bibliothèque.

On y faisait, toutes les semaines, des consultations gratuites, en faveur des pauvres. Le nombre des avocats y était distribué de façon que chacun d'eux y allait une fois l'an; c'était le premier avocat général qui réglait cette distribution. L'ordre en était si sagement établi, qu'il se trouvait toujours huit ou neuf avocats dans cette bibliothèque aux jours marqués pour ces consultations gratuites: des avocats choisis et distingués dans leur profession, y tenaient, tous les quinze jours, des conférences sur des matières de jurisprudence.

Cette bibliothèque a été réunie à celle de la cour de cassation où elle est actuellement[1], et non à la bibliothèque de la Ville, comme l'annonce l'article inséré dans le Dictionnaire historique de PARIS ET SES ENVIRONS, par Saint-Edme, 1827[2].

La bibliothèque nouvelle des avocats, qui ne renfermait que 3,500 volumes en 1825, est placée, depuis 17 ans au Palais de Justice, près le tribunal criminel ; elle a repris à peu près les mêmes habitudes que l'ancienne.

M. le comte de Corbière, ministre de l'intérieur, la visita le 22 août 1825. Surprise du petit nombre d'ouvrages qu'elle contenait, Son Exc. a bien voulu assurer MM. les avocats qu'elle ferait remettre à cette bibliothèque, un exemplaire de chaque ouvrage qui paraîtrait : en effet Son Exc. a daigné, il y a peu de temps, faire don à cette bibliothèque d'une collection de livres de droit et autres, de sorte qu'elle contient en ce moment, 4,500 volumes : à cet envoi, était jointe une trentaine de médailles.

[1] Décret du 12 juillet 1793, qui ordonne le transport de cette bibliothèque dans celle du comité de législation.

[2] Voyez ce Dictionnaire, au mot *Avocats*.

§ XII. — BIBLIOTHÈQUE DES INVALIDES.

MM. Vandervreken Delisle, adjudant-major de l'Hôtel, bibliothécaire ;

De Coupigny, adjoint.

De tous les monumens fondés par Louis XIV, l'Hôtel des Invalides est celui qui honore le plus sa mémoire ; seul, il suffirait pour immortaliser un règne illustré par tous les genres de gloire.

Jamais, en effet, dans la Grèce et dans l'ancienne Rome, la valeur n'avait reçu un plus éclatant hommage ; jamais plus glorieuse retraite n'avait été consacrée aux vertus guerrières ; jamais sang versé pour la patrie n'avait trouvé plus noble récompense.

C'est le 22 septembre 1800 que fut accordée une bibliothèque à ces braves défenseurs de l'état, qui, après avoir passé leur vie au milieu des horreurs de la guerre, trouvent dans cet asile, du repos pour leurs membres mutilés, et pour leur esprit une source inépuisable de récréations toujours nouvelles.

Elle se compose de 20,000 volumes au plus, et est placée dans une grande salle ornée de boiseries sculptées et d'un beau travail ; de cette salle on peut admirer le beau point de vue qui s'étend jusqu'à l'avenue de Neuilly, au moyen de la percée faite dans les Champs-Elysées.

On remarque dans cette bibliothèque un manuscrit

sur vélin, in-f°, représentant tout l'office divin, en lettres d'or, orné d'une infinité d'arabesques et d'oiseaux de diverses couleurs d'une exécution parfaite; ce manuscrit est l'ouvrage de plusieurs anciens invalides, et a été donné à l'hôtel par Louis XIV.

Cette bibliothèque, où le public est admis, est ouverte tous les jours depuis neuf heures jusqu'à trois, excepté les dimanches et fêtes.

Tout auprès se trouve la salle des Maréchaux.

§ XIII. — BIBLIOTHÈQUE DE L'ÉCOLE DE DROIT PRÈS SAINTE-GENEVIÈVE (Panthéon).

Son établissement date de 1804; elle renferme 8,000 volumes, et n'est ouverte qu'aux étudians; elle s'accroît annuellement de quelques livres de jurisprudence, achetés par l'administration de l'école.

§ XIV. — BIBLIOTHÈQUE DU MUSÉUM D'HISTOIRE NATURELLE,

JARDIN DU ROI,

Ouverte les mardis et vendredis de chaque semaine, de 10 à 4 h.

Cette bibliothèque, rare par sa collection de tous les genres d'objets qui se rapportent à son usage, renferme une exacte nomenclature d'histoire naturelle de toutes les parties du monde.

Elle est remarquable par sa belle tenue.

§ XV. — BIBLIOTHÈQUE DE S. A. R. Mgr. LE DUC D'ORLÉANS.

Le Palais-Royal possédait une bibliothèque dont M. l'abbé de la Chaux était le bibliothécaire ; elle n'était pas fort considérable. Le feu duc d'Orléans ayant légué tous ses livres aux religieux Jacobins de la rue Saint-Jacques, elle avait été remplacée par l'acquisition d'une nouvelle bibliothèque à laquelle se trouvait réunie celle de Vesle, frère de M. d'Argental, consistant uniquement en un répertoire complet des théâtres. Cette collection seule s'élevait à 13,000 volumes imprimés, et à plus de cent portefeuilles manuscrits : elle a eu le sort de beaucoup d'autres. S. A. R. Mgr. le duc d'Orléans actuel a formé une bibliothèque qui n'est pas nombreuse, mais qui déjà commence à prospérer ; elle est riche surtout en gravures et en livres modernes, parmi lesquels beaucoup de livres anglais ; l'ingénieux auteur des Messéniennes, M. Casimir de Lavigne, nommé bibliothécaire de S. A. R., en assure la prospérité. Si cette bibliothèque n'est pas remarquable par la quantité de volumes qu'elle renferme, elle l'est au moins par l'ordre admirable qui préside à son arrangement. Tous les livres sont renfermés dans des armoires vitrées, au-dessus desquelles sont des inscriptions gravées sur des plaques de cuivre, indiquant à quelle classe appartiennent les ouvrages que renferme l'armoire.

M. Vatout, attaché à cette bibliothèque, vient d'en donner le catalogue; c'est à ce jeune littérateur qu'on doit aussi l'intéressante publication de la galerie de S. A. R. Mgr le duc d'Orléans.

---

§ XVI. — *Table des principales Bibliothèques de Paris, avec le nombre de livres qu'elles renferment.*

Bibliothèque du Roi, livres imprimés.	450,000
——— Brochures et pièces fugitives.	450,000
——— Manuscrits.	80,000
Bibliothèque Mazarine, livres imprimés.	100,000
——— Manuscrits.	4,000
Bibliothèque Sainte-Géneviève, livres imprimés.	112,000
——— Manuscrits.	20,000
Bibliothèque de l'Arsenal, livres imprimés.	170,000
——— Manuscrits.	5,000
Bibliothèque de la Ville.	45,000
——— des Invalides.	20,000
——— du Muséum d'histoire naturelle.	10,000
——— particulière du Roi.	55,000
——— du Conseil-d'État.	35,000
——— de l'École royale de chant.	1,500
——— du Musée-Royal.	
——— du Dépôt au Ministère de l'Intérieur.	11,000
——— des Archives du royaume.	14,000
——— de l'Institut royal.	91,000
——— du Bureau des Longitudes.	4,500
——— du Muséum.	8,000
——— de l'École royale des Ponts-et-Chaussées.	5,000

Bibliothèque	de l'École royale des mines.	4,000
————	de l'École royale polytechnique. . . .	27,000
————	de la Faculté de médecine.	26,000
————	du collége Louis-le-Grand.	30,000
————	du collége royal de France.	5,000
————	du Conservatoire des Arts, etc.	12,000
————	du Conseil des Mines.	2,500
————	de l'hospice des Quinze-vingts.	2,000
————	du Ministère de la guerre.	7,000
————	du Dépôt de la guerre.	14,000
————	de l'Imprimerie royale.	800
————	de la Cour de cassation.	36,000
————	du Tribunal de 1re instance.	25,000
————	des Avocats.	4,500
————	de la Préfecture de police.	1,200
————	du Ministère des affaires étrangères. .	13,000
————	de la Marine.	2,500
————	du Dépôt des cartes et plans de la Marine.	12,000
————	du Ministère des finances.	3,500
————	de la Cour des comptes.	6,000
————	de la Chambre des Députés.	36,000
————	de la Chambre des Pairs.	2,000

CHAPITRE CINQUIÈME.

ANCIENNES BIBLIOTHÈQUES DES COUVENS, ABBAYES, ETC., DISPERSÉES A LA RÉVOLUTION.

Nous venons de voir dans le chapitre précédent l'histoire des bibliothèques publiques qui font l'ornement actuel de la capitale; nous allons maintenant, dans un aperçu rapide, donner quelques détails très-concis sur les anciennes bibliothèques de Paris dont il ne reste plus que le souvenir. A la révolution, elles ont été dispersées et fondues ensuite en partie dans les cinq grandes bibliothèques dont nous venons de parler.

§ Ier. — BIBLIOTHÈQUE DE LA SAINTE CHAPELLE.

Saint Louis fit construire, dans le trésor de cette chapelle, un lieu sûr et commode pour y déposer sa bibliothèque composée de livres pieux, et notamment des écrits des Saints-Pères qu'il avait fait copier en 1246; il établit, pour desservir cette église, cinq chapelains, etc.; cette bibliothèque fut réunie, par la suite, à la bibliothèque royale. (*Voyez Bibliothèque royale.*)

§ II. — BIBLIOTHÈQUE DE LA SORBONNE.

On découvre, au commencement du 13e siècle, la formation d'une bibliothèque à la Sorbonne, où l'on voyait une note faisant partie d'un manuscrit de quarante-quatre feuillets contenant *la Chronique de Martin de Pologne*. Cette même bibliothèque reçut aussi d'un chanoine d'Amiens une bible du prix de 26 liv., et la *Seconde Seconde* de Saint-Thomas. Geoffroy Desfontaines, chanoine de Paris, lui fit présent d'un autre exemplaire du même ouvrage, valant 12 livres, etc. Avant la révolution, elle était une des plus considérables de Paris : placée dans une galerie vaste et bien éclairée, elle occupait le dessus des deux grandes salles destinées aux actes publics. Cette galerie avait environ vingt toises de longueur sur cinq de largeur. Ses extrémités étaient décorées de deux portraits en pied, l'un du cardinal de Richelieu et l'autre de Michel le Masle son secrétaire. Un portrait très-ressemblant du fameux Erasme la décorait aussi.

Elle contenait environ 60,000 volumes et 5,000 manuscrits ; beaucoup de théologie, composée en partie de près de 800 bibles, dont une in-folio de 1460. Parmi les manuscrits, on remarquait surtout le fameux *Correctorium Biblicum*, le seul connu et cité par tous les auteurs qui ont commenté la Bible ; un superbe *Tite-Live* en vélin, deux volumes in-folio remplis de figures en miniatures et vignettes dorées, ouvrage d'un religieux bénédictin dont le portrait était en tête, et fait sous le règne de Charles V; beaucoup de manuscrits en langues orientales, hébraïque, syriaque, arabe, turque et persanne, etc.; un autre manuscrit en parchemin, catalogue des livres manuscrits qui étaient dans cette maison l'an 1289, avec le prix et l'estimation qui en furent faits alors, et qui montaient à 4,000 livres, somme très-considérable pour ce temps-là.

Parmi les livres d'estampes était une suite des plus belles, que Louis XIV avait fait graver d'après ses tableaux, ses statues, ses bustes et ses tapisseries; on y voyait le Carrousel de 1662, etc.

Il existait à la Sorbonne une seconde bibliothèque moins nombreuse que la première, mais qui n'en était cependant pas moins précieuse par la rareté et la singularité des livres qu'elle contenait.

§ III. — BIBLIOTHÈQUE DU MONASTÈRE ET PRIEURÉ ROYAL DE SAINT-MARTIN-DES-CHAMPS.

Elle était placée au rez-de-chaussée du jardin qui appartenait au couvent; malgré son petit nombre de livres, elle n'en était cependant pas moins estimable, en raison de son choix et de sa tenue; elle possédait une assez grande quantité de manuscrits: un, entre autres, qui contenait *les Évangiles selon la Vul-*

gate, écrits en lettres d'or sur vélin, bien conservés, et qu'on attribue au temps de Charlemagne. Le fameux Richard a parlé de ce manuscrit dans l'histoire qu'il a faite des *Versions du Nouveau-Testament* (page 112, colonne 2).

En 1261, Milon de Vergy, prieur de Saint-Martin-des-Champs, augmenta de *vingt sous parisis* le revenu du bibliothécaire de cette communauté; on exigeait de ces conservateurs le serment de ne vendre, ni engager, ni prêter aucun volume; enfin tels étaient les soins qu'on apportait à leur conservation, qu'on allait jusqu'à les enchaîner.

§ IV. — BIBLIOTHÈQUE DES RÉCOLLETS,

FAUBOURG SAINT-MARTIN.

Il y avait peu de bibliothèques en France, comparables à celle-ci par la richesse et l'admirable variété des points de vue que l'on en découvrait. Elle avait cent pieds de longueur sur vingt-huit de largeur; elle était composée de plus de 30,000 volumes, tous livres des plus curieux.

Plusieurs manuscrits chinois et autres avaient été donnés à cette bibliothèque par Zaga-Christ, prince d'Éthiopie, fils du prêtre Jéhan.

C'est aux soins des PP. Jean Dumasiène, Lebret et Fortuné Lautier qu'on était redevable de l'accroissement de cette bibliothèque.

§ V. — BIBLIOTHÈQUE DES MINIMES, PLACE ROYALE.

Elle se composait d'environ 24,000 volumes tous excellens; on y voyait un précieux manuscrit intitulé *Herbarium vivum*, lequel contient une description de toutes les plantes que le P. Charles Plumier, religieux Minime (qui avait un goût déterminé pour la botanique), avait vues en différentes parties du monde, surtout en Amérique. Rien de plus exact que les descriptions qu'en donnait ce savant religieux; les figures étaient toutes de sa main, très-bien dessinées. On ne pouvait assez admirer les soins et les peines immenses qu'avait dû coûter à son auteur un manuscrit qui formerait environ 15 volumes in-f°.

§ VI. — BIBLIOTHÈQUE DE L'ABBAYE St.-VICTOR.

Elle était ouverte au public dès l'année 1652, et c'est la première qui l'ait été à Paris.

Elle devait son principal lustre à la protection éclatante que lui accorda François Ier; et, selon Claude Héméré, Pierre C., évêque de Paris, en partant pour la Terre-Sainte en 1208, légua par son testament, sa bibliothèque à cette abbaye. Ce qu'il y a de certain, c'est qu'elle était déjà très-considérable sur la fin du quinzième siècle, et que l'on fit construire un corps de bâtimens particuliers pour y placer les livres qui la composaient : ce fut sous Nicaise de Lorme, trente-troisième abbé.

Par les différens legs qui lui furent faits, et par le choix des livres dont elle était composée, elle était devenue une des plus belles et des plus riches bibliothèques de Paris. M. Boucher de Bournonville fut un de ses premiers dotateurs. M. Cousin, président de la Cour des monnaies, mort en 1707, légua ensuite sa bibliothèque à cette maison, et y joignit 20,000 livres pour faire un fonds dont le revenu devait être employé à l'augmentation de cette bibliothèque, sous la condition qu'elle serait publique. M. Du Tralage lui légua aussi le plus beau recueil de cartes et de mémoires géographiques qui fût peut-être au monde. *Le goût que ce savant homme* (dit Piganiol) *avait pour cette sorte d'érudition, l'étude solide qu'il en avait faite, et les grands secours que ses recherches et ses dépenses extraordinaires lui avaient fournis, rendaient ce recueil digne de Louis-le-Grand.* Elle reçut encore une augmentation considérable de l'abbé Lamasse et de Nicolas Delorme.

Au nombre des manuscrits que renfermait cette bibliothèque, se trouvait un recueil de tout ce qui a été machiné pour et contre Jeanne-d'Arc, lorsqu'on lui fit son procès : c'était l'abbé qui présidait alors la communauté de Saint-Victor qui avait fait ce recueil. On y voyait aussi une Bible donnée à cette abbaye par la reine Blanche de Castille, et un manuscrit tracé sur des tablettes de bois enduites de cire. Ces tablettes étaient composées de quatorze gros feuillets, y compris la couverture, dont la partie intérieure fait le commencement et la fin : elles étaient plus longues et plus larges que celles que l'on voit ailleurs ; leur conservation était parfaite, sans presque pas de lacunes : elles contenaient les dépenses faites par Philippe-le-Bel, pendant une partie de ses voyages, depuis le 18 avril 1301 jusqu'au 31 mars 1303.

On a sur les bibiliothèques ecclésiastiques et monastiques, qui existaient au 13e siècle, des indications qui font connaître qu'il y en avait un nombre assez grand et dont la composition n'était pas sans mérite. Vincent de Beauvais visitant la bibliothèque de Saint-Martin de Tournay, en fut dans l'admiration. *A Saint Maars el biau librairie,* dit Gautier de Coinsy, en parlant de Saint-Médard de Soissons, où il était moine, et où il traduisait en vers français un livre des *Miracles de Notre-Dame.*

On a transcrit un très-grand nombre de livres dans le cours du 13e siècle ; mais il s'en faut que ces copies manuscrites soient d'une belle exécution. Née bien avant 1200 du mélange des lettres onciales, capitales, minuscules et cursives, l'écriture gothique est devenue dominante et générale sous les règnes de Philippe-Auguste, de Louis VIII, et surtout de Louis IX. Ce nom *gothique* qu'elle porte n'indique aucunement son origine. Cette écriture n'est qu'un produit du mauvais goût qui régnait dans tous les arts. Ce qui la caractérise, c'est l'altération des formes simples et une complication bizarre de contours superflus. Elle admet toutes les variations que peut suggérer le caprice de l'écrivain; aussi, n'y a-t-il point de siècle dont les manuscrits présentent aussi peu d'uniformité. Nous rencontrons presque d'année en année de nouvelles écritures. A cette époque les copistes étaient plus nombreux que jamais; on en comptait en France environ quarante mille, dont la plupart habitaient les monastères. On voyait même des abbés se livrer à ce travail; Odon, abbé de Condom, copia *Les fleurs des saints* et un *Commentaire sur la règle de saint Benoît*. Toutefois ce n'était guère que des bibles et des livres d'église qu'on transcrivait. Parmi les copistes de cet âge, on doit citer maître Coheu qui, peu après l'an 1200, transcrivit le texte hébreu de l'Ancien Testament; mais surtout Jean de Boulogne, de la main duquel il reste plusieurs manuscrits qui semblent être du temps de Philippe-le-Hardi ou Philippe-le-Bel; tels sont les romans de Carle et d'Almont, et d'Isorer-le-Salvage.

On sait que Rabelais a donné le catalogue de ces prétendus livres, dont les titres, réels ou supposés, sont également ridicules [1].

Joseph Scaliger disait que cette bibliothèque ne contenait rien qui vaille, et que ce n'était pas sans cause que Rabelais s'en était moqué; mais ce qui pouvait, à l'égard de cette bibliothèque, être vrai au seizième siècle, ne le fut plus au siècle suivant.

[1] Pantagruel, liv. II, chap. VII.

§ VII. — BIBLIOTHÈQUE DES RELIGIEUX DE PICPUS, FAUBOURG SAINT-ANTOINE.

Elle était considérable et méritait d'être plus connue. Le cardinal du Perron légua à cette bibliothèque une partie de celle qu'il avait à Bagnolet. Elle s'augmenta aussi de celle du P. Heliot, chanoine du Saint-Sépulcre, qui fit don de la sienne à ce couvent.

§ VIII. — BIBLIOTHÈQUE DES JACOBINS RÉFORMÉS.

La bibliothèque de ces pères, composée de vingt-quatre mille volumes, était ornée de deux globes de Coronelli.

En 1638, à la naissance du dauphin, qui a régné sous le nom de Louis XIV, ces religieux s'avisèrent, pour l'augmenter, d'une ruse innocente qui cependant ne leur réussit pas ; ils la dédièrent au dauphin par une inscription qu'ils firent mettre sur la porte.

En 1699, M. Piques, docteur de Sorbonne, leur légua la sienne, qui était composée de bons livres imprimés et manuscrits, la plupart d'érudition ou en langues orientales ; on y voyait le *manuscrit original du Catéchisme des Jésuites*, composé par Estienne Pasquier, et écrit de sa main.

§ IX. — BIBLIOTHÈQUE DES PRÊTRES DE LA DOCTRINE.

M. Miron, docteur en théologie, de la maison de Navarre, avait légué à cette maison religieuse sa bibliothèque, à condition qu'elle serait ouverte au public certains jours de la semaine. D'après la volonté du légataire l'ouverture s'en fit le 24 novembre de l'an 1718, par un discours que prononca le père Baizé, bibliothécaire, en présence du cardinal de Noailles et de plusieurs personnes de distinction.

§ X. — BIBLIOTHÈQUE DE S^T.-GERMAIN-DES-PRÉS.

L'une des plus nombreuses et des plus riches du royaume, que Dom Dubreuil avait commencée et composée d'excellens livres. Elle reçut un accroissement considérable sous l'administration de Dom d'Achery ; Michel Antoine Baudran lui légua la sienne vers 1700; l'abbé d'Estrées, évêque de Cambrai, à sa mort arrivée en 1718, lui laissa également la sienne, composée de livres très-bien choisis; en 1720, l'abbé Renaudot, de l'Académie française, l'enrichit d'une précieuse collection d'ouvrages et de manuscrits latins, grecs et hébreux : en 1732 elle s'accrut encore des manuscrits du chancelier Séguier ; en 1744, de ceux du cardinal de Gêvres, archevêque de Bourges; enfin, en 1762, M. de Harlay lui donna tous les siens.

Les religieux préposés à la garde de cette biliothèque ne cessèrent de l'enrichir chaque année de bons livres dont le nombre s'élevait, disait-on, à cent mille volumes environ, sans y comprendre vingt mille manuscrits orientaux, grecs, latins et français; entr'autres un *Psautier latin*, in-4° sur vélin pourpré, lettres onciales[1] d'or et d'argent du 5e ou 6e siècle, qu'on croit avoir appartenu à saint Germain, évêque de Paris; un *livre d'Évangiles*, in-4° sur vélin pourpré, lettres d'or et très-élégantes, du 6e ou 7e siècle; un *volume* in-folio sur écorce d'arbre ou papyrus d'Égypte, contenant des *Lettres de saint Augustin*; une *Bible grecque* in-folio sur vélin; le superbe *Polyptique d'Irminou*, in-folio sur vélin; le *Manuscrit des Pensées de Pascal* écrit de sa main sur de petits morceaux de papiers réunis en un volume in-folio, et déposé dans cette bibliothèque par M. Perrier, oncle de Pascal.

Le 16 août 1794 (fructidor an II), le réfectoire et la bibliothèque furent consumés par le feu qui prit à quinze milliers de salpêtre; on parvint heureusement à sauver les manuscris qui furent transférés à la bibliothèque royale.

Près de cette riche collection se trouvait un beau cabinet d'antiquités formé par Montfaucon.

[1] Nom que l'on donne aux grands caractères.

§ XI. — BIBLIOTHÈQUE DE LA FACULTÉ DE MÉDECINE.

Cette bibliothèque était composée de livres de chirurgie et de médecine. M. de la Peyronie, premier chirurgien du roi, avait légué un fonds pour son entretien; elle avait 94 pieds de long et 18 de largeur. Elle possédait un cabinet d'anatomie fort curieux, qui renfermait tout ce que ce genre comprend en pièces extraordinaires et en objets singuliers.

§ XII. — BIBLIOTHÈQUE DE L'ACADÉMIE D'ARCHITECTURE

AU LOUVRE.

C'était au ministre Colbert, le Mécène des arts et l'ami des artistes, que l'on devait l'établissement de cette bibliothèque, qui était placée dans le pavillon du Louvre qui regarde la rue du Coq. Elle était ornée des portraits des rois et de ceux qui avaient contribué à former cette précieuse collection, composée des meilleurs livres d'architecture, et autres relatifs à la pratique de cet art. Les élèves avaient la permission d'y consulter tous les ouvrages dont ils pouvaient avoir besoin pour leur instruction particulière.

§ XIII. — BIBLIOTHÈQUE DES PETITS-AUGUSTINS

(DITE DE LA REINE MARGUERITE).

La bibliothèque de ce couvent était dispersée en quatre ou cinq pièces différentes, et n'était composée que de 12,000 volumes, tant imprimés que manuscrits, donnés à ce couvent par M. Maugin, président de la cour des monnaies.

Parmi ces derniers, était le manuscrit original de l'ouvrage que ce président donna en 1650, sous le titre de *Vindiciæ prædestinationis et gratiæ.*

M. Pontas l'avait aussi enrichie de quelques ouvrages, ainsi que d'autres personnes affectionnées à ces religieux; le reste avait été acheté des épargnes de ces pères.

Entre autres curiosités, on y remarquait un médailler dans lequel étaient les portraits de tous les papes.

On voyait encore dans cette bibliothèque, quatorze gros volumes de chant, écrits, notés et peints par un religieux de ce couvent, nommé Antoine Trochereau, natif de Moulins; on considérait ces quatorze volumes comme autant de chefs-d'œuvre et de perfection; mais ce qui devait paraître plus surprenant, c'était qu'un seul homme, qui ne s'était jamais dispensé de ses devoirs, ait encore pu trouver le temps d'écrire, de noter et peindre tant de volumes, dont le moindre serait un long et pénible travail pour quelqu'un qui s'en serait uniquement occupé. Ce religieux mourut en 1675, à l'âge de 73 ans.

§ XIV. — BIBLIOTHÈQUE DES CARMES DE LA PLACE MAUBERT.

Elle était composée de plusieurs manuscrits et bons livres ; au nombre des premiers étaient les *OEuvres de Saint Augustin*, qui, dit-on, avaient 800 ans d'antiquité.

§ XV. — BIBLIOTHÈQUE DU SÉMINAIRE DE SAINT-SULPICE.

Ce séminaire possédait une bibliothèque d'environ 30,000 volumes dispersés en plusieurs pièces, dont la plus vaste était au-dessus de la chapelle. Elle contenait une collection de toutes les pièces imprimées pour et contre le cardinal de Mazarin, et connues sous le nom de Mazarinades. Elles ont depuis été placées dans la bibliothèque du roi. Dans une pièce près de la bibliothèque, était un cabinet d'estampes très-remarquables, au nombre desquelles étaient les œuvres de *Wischer*, de *la Belle*, de *Callot* et de *Sébastien Leclerc*, *etc.*

On remarquait encore, au nombre des bibliothèques de plusieurs couvens, celles de la maison de l'institution de l'Oratoire, des Cordeliers, des Chartreux, des Capucins rue Saint-Honoré, des Capucins rue Saint-Jacques, de Sainte-Marguerite faubourg Saint-Antoine, de M. de Beaujon, de M. de Calonne, des Blancs-Manteaux de la rue de Soubise, du Marquis de Paulmy, et beaucoup d'autres; elles ont été en partie réunies à la bibliothèque royale et à diverses bibliothèques. Un grand nombre de livres ont été ou enlevés ou perdus à la révolution.

CHAPITRE SIXIÈME.

BIBLIOTHÈQUES ANCIENNES ET MODERNES DES DÉPARTEMENS DE LA FRANCE.

Il nous reste maintenant à donner à nos lecteurs une espèce de statistique des bibliothèques que possèdent les principales villes de France. Les limites que nous nous sommes imposées nous empêcheront d'entrer dans des détails aussi étendus que nous l'aurions désiré; mais, au moins, nous pouvons garantir l'exactitude de ceux qui font l'objet de ce chapitre; nous ne nous sommes arrêté que sur les villes sur lesquelles nous avons pu nous procurer des renseignement positifs.

§ I. — BIBLIOTHÈQUE D'ABBEVILLE.

Cette bibliothèque, fondée avant l'an 1680, doit son origine aux libéralités de M. Sanson, curé de la paroisse de Saint-Georges, qui, par son testament de décembre 1685, lui légua tous ses livres et une somme de 1,000 liv. En 1716, M. Dargnies, médecin de cette ville, consacra au même établissement toute sa bibliothèque et deux parties de rentes de 50 liv. En l'année 1726, le sieur Dufresnel, curé du Saint-Sépulchre, l'augmenta d'une partie de la sienne en y affectant aussi une rente de 30 livres. En 1728, le sieur Béguin, chanoine, à l'exemple de ses trois prédécesseurs, lui donna par testament un nombre considérable de volumes; M. Farmentin, ancien avocat du roi au présidial d'Abbeville, a été aussi l'un de ses dotateurs.

A la suppression des communautés religieuses, elle s'est enrichie des livres qui composaient les bibliothèques des différens couvens situés dans son arrondissement. Le nombre actuel des volumes s'élève à 14,000. La théologie, la jurisprudence et l'histoire en constituent le fonds principal; une grande partie de ces ouvrages est écrite en langues hébraïque, grecque et latine. On y trouve aussi quelques livres italiens et espagnols.

§ II. — BIBLIOTHÈQUE D'AIX

Cette ville possède une des plus riches et des plus complètes collections de livres qu'on puisse trouver en France, en exceptant toutefois les grands dépôts de la capitale. On en est redevable à la libéralité de M. Piquet de Méjanes qui exerça dans cette ville la charge de premier consul (procureur du pays de Provence). Ce magistrat n'eut qu'une passion, celle de rechercher et d'acquérir les livres les plus utiles et les plus précieux. Après avoir consacré à amasser ces immenses richesses littéraires, tous les loisirs de sa vie et une grande partie de ses biens, il fit don de sa bibliothèque à la Provence par des dispositions testamentaires des 26 mai, 18 et 19 septembre 1786. Pénétrée de reconnaissance pour une action si généreuse, l'assemblée générale des communautés, tenue à Lambesc cette même année, résolut de faire célébrer un service solennel pour M. de Méjanes, d'accepter le legs fait à la Provence par cet honorable magistrat, et de faire placer dans la bibliothèque d'Aix, qui fût rendue publique en 1812, le buste de son fondateur avec une inscription qui perpétuât le souvenir de ce bienfait.

Le nombre des volumes dont se compose cette riche collection s'élève à plus de 80,000. Trois vastes salles de l'hôtel-de-ville contiennent ce précieux dépôt où l'on remarque *diverses éditions des livres saints; des ouvrages des pères de l'Église; et le recueil très-volumineux des livres de controverse les plus estimés.* Viennent ensuite les auteurs classiques grecs et latins, dont le savant collecteur n'a laissé échapper aucun commentaire, et qu'il a choisis parmi les plus belles productions des presses d'Alde-Manuce, d'Estienne, de Plantin, d'Elzévir et de Barbou. Les meilleurs ouvrages, soit en vers, soit en prose, qui ont paru en diverses langues depuis la renaissance des lettres, attestent les connaissances de l'homme qui les a choisis. On y voit les *magnifiques collections* des *Bascerville*, des *Touson*, des *Foulis*, des *Harra* et des *Bordini*, le disputer aux chefs-d'œuvre récens des *Didot*, des *Rignoux*, des *Crapelet* et autres typographes fameux de nos jours. Un grand nombre de bons ouvrages sur les principales branches de la législation et sur la diplomatie prouvent que ce fondateur avait autant de discernement que de sagesse, puisqu'il sut fixer son choix sur ce genre d'ouvrages qui offre un si grand intérêt à toutes les classes de lecteurs. On remarque jointe à ce recueil la collection complète des coutumes qui ont été long-temps la loi de diverses provinces de la France : l'histoire de tous les temps et de la société considérée sous tous les points de vue, avait toujours été un objet de prédilection pour M. de Méjanes. Le public admire en outre dans cette collection de superbes gravures coloriées des objets que la nature et les arts produisent avec une variété infinie dans les différentes régions de la terre. Les voyages, les livres d'antiquités, les divers muséums, les iconographies, les mémoires de presque toutes les sociétés savantes de l'Europe, les ouvrages périodiques s'y trouvent à côté des livres hébreux, arabes, turcs, arméniens et malabares, dont les amateurs des langues orientales chercheraient à se faciliter l'intelligence. De nombreux manuscrits méritent enfin sous tous les rapports l'attention de l'homme studieux.

Cette bibliothèque, remarquable surtout par le choix des éditions et la beauté des reliures, s'est encore enrichie de différens envois du gouvernement et de l'achat d'une partie de la bibliothèque de M. Fauris de Saint-Vincent qui a été partagée entre les villes de Marseille, d'Aix et d'Arles : par cet arrangement, la ville d'Aix a en outre obtenu les objets d'antiquité et une foule de monumens, sceaux, monnaies, etc., du moyen âge, et des manuscrits précieux parmi lesquels une certaine quantité ont appartenu au célèbre Peyresc. M. le docteur Gibelin en est le bibliothécaire actuel. Le sous-bibliothécaire, M. Diouloufet, a fait revivre dans ce pays la muse provençale, et rappelle dans ses vers la piquante naïveté et la délicatesse de nos anciens troubadours.

§ III. — BIBLIOTHÈQUE D'AMIENS.

En 1790, tous les livres et manuscrits provenant des couvens supprimés, furent réunis, par les soins de M. Baron, à la bibliothèque de l'abbaye des Premontrés à Amiens. Ce dépôt s'accrut ensuite des livres des anciens colléges et séminaires, de ceux qu'on avait rassemblés dans les arrondissemens de Mont-Didier et Péronne. Ces catalogues particuliers ont été refondus dans un recensement général qui a servi à faire ce classement par ordre de matières. Ce classement terminé, on procéda au triage des ouvrages qui devaient rester à la bibliothèque. De cet examen il résulta qu'on eut assez de livres doubles pour en former une bibliothèque au conseil de préfecture, et une à l'évêché. Le surplus des livres reconnus inutiles a été vendu d'après l'autorisation du ministre, sous la surveillance de M. Quinette, et l'argent provenant de cette vente a été employé à se procurer les ouvrages modernes qui manquaient. Une autre partie a servi à fournir une petite bibliothèque au lycée.

La collection de la bibliothèque de la ville qui est publique se compose de plus de 46,000 volumes. Cette bibliothèque est rangée suivant l'ordre indiqué par la bibliographie de M. Debure. Des cinq classes de théologie, jurisprudence, sciences et arts, belles-lettres et histoire qui la composent, celles de théologie et d'histoire sont les plus nombreuses. On y trouve les ouvrages de sources les plus célèbres.

Il y a environ 1,500 manuscrits, en grande partie du 11e au 15e siècle ; ils sont écrits sur du vélin bien conservé, mais sans luxe. La plupart sont relatifs à la théologie, au droit canonique et à l'histoire. Parmi ces derniers, on en remarque quelques-uns sur l'histoire plutôt ecclésiastique que civile de la ci-devant province de Picardie. Ceux de cette espèce qui provenaient de l'abbaye de Corbies ont été demandés et envoyés à la bibliothèque royale.

Cette belle bibliothèque occupe l'étage supérieur du Palais-de-Justice de la ville.

---

§ IV.—BIBLIOTHÈQUE D'ARLES.

L'hôtel-de-ville d'Arles contenait un dépôt de livres formé des bibliothèques des anciens corps religieux dont on avait tiré la meilleure partie pour enrichir les bibliothèques d'Aix et de Marseille.

En 1809, M. le marquis de Grille, maire de la ville, choisit un certain nombre de livres qu'il fit transporter au collége; et, après en avoir délibéré, le conseil municipal adopta la résolution de former une bibliothèque ; mais pour le moment il fallut se borner aux ouvrages qui devaient en être les premiers élémens. En 1817, un autre maire, M. Perrin de Jonquières, reprit avec plus de succès l'exécution de cet important établissement. Il continua de faire faire au collége le transport de tous les livres qui restaient à l'hôtel-de-ville. Il fut puissamment secondé dans son entreprise par M. de Villeneuve, préfet du département, à la bienveillante faveur duquel la ville d'Arles dut un contingent considérable dans la distribution des livres de la bibliothèque de M. de Saint-Vincent, dont le département avait acquis une partie. Ce fut alors que ce noyau, augmenté encore par suite de l'acquisition que fit la ville en 1821 d'une partie du restant de la même bibliothèque, prit un certain développement.

En 1822, le 1er mai, M. le maire, assisté de ses adjoints, fit l'ouverture de la bibliothèque publique en présence de M. le comte de Villeneuve; et une inscription, placée sur la porte intérieure, constate la reconnaissance de la ville envers le premier magistrat à la protection duquel on doit cet utile établissement.

Cette bibliothèque se compose actuellement de 8,000 volumes; une allocation annuelle de 2,000 fr. est destinée à des achats. Elle est enrichie *du bel ouvrage sur l'Égypte; du voyage à l'Oasis de Thèbes et autres*, qui lui ont été donnés par le roi.

§ V. — BIBLIOTHÈQUE DE BOURG.

L'école centrale de Bourg possédait une bibliothèque que le gouvernement a ensuite concédée à la ville. Cette bibliothèque, qui contenait alors 10,000 volumes, et qui a été déposée dans une vaste salle attenant aux bâtimens du collége, se compose en grande partie d'ouvrages sur l'Écriture sainte, et de divers *commentateurs;* une collection de *Saints Pères et de Conciles; quelques bons jurisconsultes; quelques anciens philosophes;* des ouvrages sur les sciences et les arts, et beaucoup de livres d'histoire forment le reste de cette collection : cette dernière classe surtout est la plus belle et la plus riche.

La bibliothèque a été formée de plusieurs dépôts qui existaient dans le département. Le plus remarquable était celui d'Ambronay qui comprenait l'ancienne bibliothèque de l'Abbaye, celle de la Chartreuse de Portes, de M. Murat-Montferrand et autres. Après le dépôt d'Ambronay venaient ceux de Trévoux et de Montluel; mais il suit nécessairement du mode d'après lequel la bibliothèque de Bourg a été formée, qu'elle doit avoir beaucoup de livres en double.

Cette bibliothèque possède quelques manuscrits qui méritent d'être conservés; nous citerons un *Nouveau Testament* et un *Flavius Josephe* sur vélin in-folio; *un Recueil des vies de quelques saints abbés de Cluny et d'autres; un Traité d'anatomie; deux volumes de Décrétales; un Cartulaire de la Chartreuse de Portes; un Nouveau Testament et quelques livres de l'Ancien,* aussi sur vélin in-4°. On y remarque aussi *un manuscrit sur papier vélin in-4° des œuvres de Scot; les Mœurs des Sarrazins et des chrétiens; un*

Commentaire sur le livre des Sentences et un autre manuscrit en vélin sur les aides et gabelles de l'an 1374, in-8°.

Elle est entretenue aux frais de la ville, et a reçu plusieurs accroissemens en livres, ce qui a porté à 19,000 le nombre primitif des volumes qu'elle renfermait.

§ VI.—BIBLIOTHÈQUE DE CARCASSONNE.

Cette ville possède une bibliothèque qui doit sa formation à plusieurs présens ou legs particuliers, et qui s'est augmentée des diverses collections qui existaient dans le couvent, les chapitres et les colléges du pays; malheureusement un grand nombre de livres ont été dépareillés par des pillages particuliers. Quoiqu'elle manque d'une foule de bons ouvrages dans tous les genres, elle paraît encore en état de fournir des secours aux personnes qui la fréquentent, particulièrement depuis quelques années qu'elle s'accroît des dons du gouvernement; elle se compose de 15,000 volumes.

§ VII. — BIBLIOTHÈQUE DE DOUAI.

Cette ville ne possédait point de bibliothèque avant la révolution. A la fermeture des établissemens religieux, en grand nombre dans ce diocèse, tous les livres provenant des couvens, furent transportés à l'hôtel de ville et y restèrent long-temps en dépôt; on fit ensuite un choix parmi ces livres, et le reste fut vendu aux enchères. C'est ce choix de livres qui forma le premier noyau de la bibliothèque, augmentée par quelques acquisitions, et des dons de plusieurs citoyens.

C'est là que se trouvait un livre de prières, qui avait appartenu à Marie-Stuart, veuve de François II, roi de France, et envoyé, après sa mort, en 1586, par la reine Élisabeth. Voilà de quelle manière ce livre est parvenu à Cambrai, et comment Mgr l'évêque de cette ville en fit hommage à S. M. Charles X, lors de la visite du roi dans ces départemens, en septembre 1827. Il fut remis par Marie-Stuart, au moment où elle monta à l'échafaud, à Élisabeth Carle, l'une de ses dames d'honneur : celle-ci quitta l'Angleterre après la déplorable fin de son auguste maîtresse et vint habiter Douai. Elle donna cette royale relique aux religieux écossais, qui avaient un couvent à Douai. Ce livre s'étant trouvé au nombre de ceux qui furent vendus aux enchères, il fut acquis, pour un prix très-modique, par un ouvrier qui, n'en connaissant pas la valeur, le céda à un de ses amis, devenu depuis chantre à la cathédrale de Cambrai, et qui le vendit à l'évêque de sa ville. C'est ainsi qu'après un laps de près de trois siècles, ce livre, où l'infortunée Marie-Stuart puisa ses dernières consolations, est parvenu entre les mains de l'un des pieux successeurs de son époux.

§ VIII. — BIBLIOTHÈQUE DE LA FLÈCHE.

Cette bibliothèque a la forme d'un bel et vaste vaisseau, de 21 mètres de longueur sur 12 de largeur. Trente armoires, meublées des meilleurs ouvrages de l'antiquité et du siècle de Louis XIV avec un beau nombre de livres modernes, offrent un dépôt de 22,000 volumes. On y trouve la plupart des *savantes productions des auteurs hébreux, grecs et latins;* une *Collection choisie des Saint-Pères de l'Église;* beaucoup de *livres de droit*, etc.

§ IX. — BIBLIOTHÈQUE DU HAVRE.

Cette bibliothèque, dans laquelle on compte 16,000 volumes, est répartie dans trois salles et un cabinet au rez-de-chaussée du Palais de Justice. Les ouvrages qu'on y remarque principalement sont : *la Description de l'Égypte; le Voyage pittoresque et romantique dans l'ancienne France par MM. Nodier, Taylor et de Cayeux, et les collections des classiques latins de M. Lemaire.*

Les livres de cette bibliothèque, réunis d'abord par les soins du district, furent accordés provisoirement à la municipalité, le 4 avril 1796 (15 germinal an 4), par l'administration départementale, et avec l'autorisation du ministre, sous la condition que la ville se chargerait des frais d'établissement et d'entretien de la bibliothèque, ainsi que du traitement du bibliothécaire. Depuis ce temps, la municipalité a fait des sacrifices annuels pour l'augmentation et la conservation de ce dépôt qui renferme 18,000 volumes.

§ X. — BIBLIOTHÈQUE DE LILLE.

Cette ville possède une bibliothèque de 20,000 volumes, qui est publique; il y existe aussi plusieurs autres collections particulières qui méritent d'être citées; les principales sont : 1° la bibliothèque de M. Malfait, celle de M. Barrois, et celle de M. Vanderernyssen. Dans cette dernière, on trouve le fameux *Art au Morier*, le premier livre, dit-on, imprimé en France.

M. Vanackère fils, libraire de cette ville, possède aussi une bonne collection d'ouvrages anciens et modernes.

§ XI. — BIBLIOTHÈQUES DE LYON.

BIBLIOTHÈQUE DE L'ILE BARBE.

La bibliothèque de l'abbaye de l'île Barbe était enrichie d'un grand nombre de volumes magnifiquement reliés; on assure que Charlemagne y plaça un *Manuscrit des œuvres de saint Denis*, dont lui avait fait présent Nicéphore, empereur de Constantinople, et une *Bible grecque et syriaque* qu'il avait corrigée de sa main.

Elle augmenta successivement pendant sept siècles, jusqu'à l'instant où l'ambition de quelques hommes, se couvrant du manteau de notre sainte religion, arma les Français contre les Français en 1562, renversa les autels, et brûlant les titres et les livres, vint exercer à l'île Barbe les mêmes ravages.

Il faut que cette bibliothèque fût bien considérable, puisque, malgré ces pertes énormes, Antoine d'Albon, qui était l'abbé du monastère, en retira un grand nombre de manuscrits, dont deux très-remarquables : l'un était *les Commentaires de Rufin, prêtre d'Aquilée, sur les 75 psaumes de David*, et l'autre *les Œuvres d'Ausone;* les autres ont été placés dans la bibliothèque de Lyon.

BIBLIOTHÈQUE DE J. GROLLIER.

Le célèbre Jean Grollier avait formé une très-belle bibliothèque que le président de Thou comparait à celle d'Asinius Pollion, qui fut la plus riche de Rome. Tous les ouvrages y étaient recherchés pour le luxe des éditions et le mérite des écrits, comme pour l'éclat des reliures. Jean de la Caille nous apprend dans son *Histoire de l'imprimerie*, que les volumes en étaient reliés en veau ou en maroquin, avec des ornemens sur le plat, et dorés sur tranche; chacun portait d'un côté une devise particulière, et de l'autre l'inscription ordinaire et généreuse de Grollier : « *Ce livre est à moi et à mes amis.* » Grollier étant mort à 86 ans, le 22 octobre 1563, le roi fit acheter son cabinet d'antiques et de médailles; sa bibliothèque fut portée à l'hôtel-de-ville où elle fut vendue en détail en 1675. Le père Ménestrier, alors bibliothécaire de Lyon, s'empressa d'en réunir le plus qu'il put pour en enrichir la bibliothèque confiée à ses soins.

BIBLIOTHÈQUE DU COLLÉGE DE LA TRINITÉ.

Lyon possédait encore une riche bibliothèque, placée au collége de la Trinité. Après plusieurs soustractions de livres, se trouvant sans gardien, par suite des troubles de la révolution, cette bibliothèque fut livrée à des bataillons de volontaires qu'on y caserna : tous les livres du culte catholique étaient proscrits. Alors, se renouvela cette dévastation du farouche Omar qui fit chauffer pendant six mois les bains publics d'Alexandrie avec les livres de la célèbre bibliothèque de cette ville. Des malheureux, dans l'espoir de faire disparaître les ouvrages de piété, anéantirent des ouvrages pour la plupart tout-à-fait étrangers à ceux que poursuivait leur brutale fureur, leur ignorance les rendant incapables d'en sentir le prix.

La bibliothèque, ravagée par la guerre et le feu, a vu ses pertes réparées par la réunion qu'on y opéra des autres bibliothèques, lorsque la tourmente révolutionnaire ayant enfin cessé, un jour plus pur dissipa les nuages amoncelés sur le sombre horizon de la France.

BIBLIOTHÈQUE DITE DES AVOCATS.

Pierre Aubert, né à Lyon en 1642, avocat distingué, et ensuite échevin, n'avait que seize ans lorsqu'il composa le petit roman du *Retour de l'Ile d'Amour*, que son père fit imprimer à son insu. On lui doit en outre un *Recueil de factums sur divers points de droit* (Lyon, 1710, 2 vol. in-4°), et la nouvelle édition du Dictionnaire de Richelet (1728, 3 vol. in-folio). A sa mort arrivée en 1733, il légua sa bibliothèque à la ville pour être rendue publique.

Sa générosité fut imitée par Claude Brossette, avocat, et premier secrétaire de l'académie. On a de lui le *Procès-verbal de l'ordonnance criminelle* (1700, in-4°); *les Titres du droit civil* (Lyon, 1705, in-4°); *un Éloge historique de Lyon; les Satires de Régnier; un Commentaire sur les œuvres de Boileau*, etc. Cette bibliothèque reçut en outre un legs d'une dame Dupuys-Albanel; placée d'abord dans une vaste salle, elle a depuis été transportée dans le dépôt général.

BIBLIOTHÈQUE ADAMOLI.

Pierre Adamoli passa sa vie à former une bibliothèque remarquable par le choix des éditions, des manuscrits et des estampes. Il la commença en 1734, et il ne cessa pendant trente ans de l'augmenter. En janvier 1764, elle se montait, suivant une note écrite de sa main, à la somme de 51,787 livres : à sa mort, il en donna la propriété à la ville et la jouissance à l'académie. Elle est réunie à la grande bibliothèque qui s'est encore augmentée des divers dons de livres de trois Lyonnais éclairés et généreux, MM. de Valernod, Christin et Canot de Saint-Léger. Ce dernier, riche banquier, légua, en 1780, à la bibliothèque une somme de 1,000 livres qui a été employée à compléter les mémoires des académies des sciences, etc.

BIBLIOTHÈQUES MONASTIQUES.

Les établissemens ecclésiastiques, dans une ville aussi riche que Lyon, furent généreusement dotés et placés dans les situations les plus riantes; ils y étaient nombreux, et presque tous avaient des bibliothèques spacieuses, parmi lesquelles nous citerons:

1° Celle du chapitre de Saint-Jean et des comtes de Lyon qui possédait quelques grands corps d'ouvrages. C'est parmi eux qu'on a recueilli le peu de manuscrits antiques qui faisaient partie de la bibliothèque de l'île Barbe.

2° La bibliothèque des Cordeliers de Saint-Bonaventure qui fut établie dans un local agréable et bien orné, sur le quai superbe qui borde le Rhône. Le père Dumas, qui en fut long-temps le bibliothècaire, l'enrichit avec goût, et se plut à en communiquer les trésors.

3° Celle des Augustins qui offrait une suite nombreuse d'ouvrages qu'elle devait à la générosité de Pierre Gacon, frère du poëte de ce nom.

4° Le séminaire de Saint-Irénée qui en avait une fort bien composée; elle avait reçu différens legs en livres, 1° de Jérôme Châlon qui, en 1670, lui donna tous ceux qu'il avait rassemblés; 2° de MM. de Vaugimois, ancien supérieur, et Le Cler, directeur du séminaire, connu par les corrections qu'il fit au Richelet et au Moréri, et par une savante dissertation sur le Symbole de saint Athanase.

5° Celle des Carmes qui dut sa formation première en 1630 au don que lui fit de ses livres Robert Berthelot, évêque de Damas, suffragant de l'archevêché de Lyon, et religieux de ce monastère. Ce fut lui qui assista saint François de Sales dans ses derniers momens, et devint le conseil et l'ami de l'archevêque, Albert de Bellièvre.

6° La bibliothèque des Picpus et de la Guillotière qui renfermait les deux globes de six pieds de diamètre qu'on voit actuellement dans celle de la ville.

7° Celle des Minimes qui avait reçu de Rome quelques traités précieux sur les mathématiques des PP. Leseur et Jacquier, savans auteurs de commentaires sur Newton, etc.

8° La bibliothèque des Dominicains, fondée par le savant Sautés Pagninus, et où Sixte de Sienne dit avoir vu *un manuscrit grec du 4e livre des Machabées;* celles enfin des Missionnaires de Saint-Joseph, des Carmes déchaussés et des Récollets de cette ville, possédaient aussi des livres rares, des écrits utiles. Toutes ces richesses littéraires furent transportées dans les combles des bâtimens de Saint-Pierre, et par la suite, dans la bibliothèque publique.

BIBLIOTHÈQUE ACTUELLE DE LA VILLE.

Le local de la bibliothèque est l'un des plus beaux qui soit en Europe : il fait l'admiration des architectes et des étrangers. Sa longueur est de cent cinquante pieds, sa largeur de trente-trois, sa hauteur de quarante. Le pavé est de marbre, et l'intérieur orné de quatre globes, de sphères, de planisphères, de tables précieuses, de divers bustes et bas-reliefs. Six rangs d'in-folio règnent à l'entour et sont placés dans cinquante-trois armoires grillées; ils sont surmontés d'une galerie à balustrade où dix autres rangs offrent les in-4° et in-8° au nombre de cinquante mille.

A côté de la grande salle, il s'en trouve deux autres : l'une, qui offre un asile aux lecteurs en hiver, renferme une collection considérable de ce qui a été imprimé sous le titre d'*OEuvres;* et l'autre, toutes celles dont les auteurs furent Lyonnais.

Plusieurs autres pièces se trouvent au-dessus et contiennent les manuscrits et les éditions publiées avant 1500.

Une vaste terrasse de soixante-dix pas de longueur, vient aboutir à la grande salle de la bibliothèque, et procure à l'homme studieux la facilité de se promener, et de respirer un air pur, tout en se livrant à la méditation.

Rien n'est aussi beau que le point de vue qu'on découvre de cette terrasse et du balcon de la bibliothèque : les regards plongent sur un superbe quai couvert d'arbres, bordé des plus belles maisons de la ville, et qui longe le Rhône dont les eaux rapides et brillantes coulent dans un vaste canal.

Cette bibliothèque contient plus de 100,000 volumes.

§ XII. — BIBLIOTHÈQUE DE MARSEILLES.

Excepté la bibliothèque d'Aix, due à la libéralité de feu M. le marquis de Méjanes, toutes celles qui se sont formées dans le département [1], ont eu pour premier fonds les livres que la suppression des

[1] Statistique des Bouches-du-Rhône par M. le comte de Villeneuve, in-4°, 1827.

maisons religieuses mit d'abord à la disposition des communes ou des districts. C'est ainsi que Marseille, Arles, Tarascon et Salon ont rassemblé une grande quantité de livres, dont la classification et le placement n'ont encore offert de résultat positif que dans les deux premières de ces villes. Salon serait plus avancée sur ce point que Tarascon; mais quoiqu'on voie naître un commencement d'ordre qui permet d'espérer quelque utilité de ces deux dépôts, on ne peut encore donner le titre de bibliothèque publique qu'aux établissemens de ce genre formés dans les trois chefs-lieux d'arrondissement.

Sans parler des efforts que firent les membres de l'académie de Marseille, pour soustraire aux ravages révolutionnaires les débris des bibliothèques religieuses échappés aux dilapidations, nous dirons seulement que M. Achard, l'un de ses membres les plus laborieux et les plus zélés, secondé et appuyé par ses collègues, publia en 1792 un mémoire dans lequel il rappelait que, dès le mois de mars 1790, la cité avait manifesté le vœu de posséder une bibliothèque publique, formée au moyen d'un choix des livres trouvés dans les bibliothèques des maisons ecclésiastiques supprimées. Il ajoutait qu'ayant été désigné pour faire ce choix, il avait d'abord fait déposer dans les salles de l'observatoire 5,000 volumes; qu'il existait encore la collection entière de Sainte-Marthe (oratoire) composée de 8,000 volumes; 3 à 4,000 volumes déposés au couvent des ci-devant Bernardins; 8 à 10,000 volumes de la bibliothèque du Bon-Pasteur et de celle des frères des Écoles chrétiennes; en tout 27,000 volumes dont on pouvait disposer pour l'établissement projeté, et qui furent en effet déposés dans le local des Bernardins en 1793.

Par un arrêté du 14 février 1793, le directoire du département ordonna la création d'une bibliothèque publique, dont M. Achard fut nommé bibliothécaire. Aidé de l'aîné de ses fils, ce savant travailla à la confection des inventaires et des catalogues, avec un zèle infatigable.

Les salles de la bibliothèque furent préparées, et en état de recevoir le public, dès l'année 1798; peu de temps après on en fit l'ouverture, le 10 mars 1799.

L'établissement du lycée et les changemens de disposition dans les entrées obligèrent de fermer la bibliothèque pour quelque temps; ce ne fut qu'en 1805 que l'on en put faire l'ouverture définitive; et depuis cette époque, elle n'a cessé d'être publique.

On y entre par le boulevard et en traversant la salle des Pas-Perdus du Musée; elle occupe au premier étage l'aile située du nord au sud; la grande salle a 40 mètres de longueur sur 6 de largeur; sa décoration est élégante. Une galerie, pratiquée au-dessus des corniches qui couronnent les panneaux, règne tout autour et permet d'atteindre aux rayons les plus élevés.

La bibliothèque possédait, d'après le dernier inventaire, fait en septembre 1819 par M. Jauffret, bibliothécaire actuel, 40,627 volumes imprimés et 1,270 manuscrits. Ce nombre s'accroît annuellement des ouvrages reçus en don du gouvernement et des particuliers, ainsi que de ceux achetés sur les fonds qui lui sont alloués par le conseil municipal.

Cette bibliothèque est portée sur le budjet de la ville pour une somme de 5,400 fr., plus 3,000 fr. pour achat de livres.

Elle est ouverte les lundi, mercredi et vendredi depuis dix heures du matin jusqu'à deux heures de relevée, et elle contient en ce moment environ 50,000 volumes.

§ XIII. — BIBLIOTHÈQUE D'ORLÉANS.

Guillaume Prousteau, docteur régent de l'université d'Orléans, où il mourut en 1715, donna sa bibliothèque à la ville. Son dessein avait d'abord été de confier ce dépôt à MM. de la Cathédrale, qui lui firent jeter les yeux sur les Bénédictins de Bonne-Nouvelle, auxquels il en fit une donation entre-vifs, revêtue de toutes les formalités nécessaires. Cette bibliothèque, formée en partie de celle de Henri de Valois, que M. Prousteau avait acquise en 1679, contenait six mille volumes. Depuis, elle s'est augmentée de plusieurs dons et de quelques ouvrages que lui accorde Son Excellence le ministre de l'intérieur; ce qui a porté à 26,000 le nombre de volumes qu'elle renferme présentement.

La bibliothèque de la cathédrale avait été formée du cabinet de plusieurs chanoines, tels que MM. Desmatier, Guillon, Desmareau, mais surtout de celui de François Morel qui, par son testament du 13 avril 1713, « *donne et lègue à MM. les vénérables Doyens, Cha-* » *noines et Chapitre de l'église d'Orléans, toutes les* » *estampes, papiers, médailles d'or, pièces curieuses,* » *antiques, et livres qui sont et se trouveront au* » *jour de son décès, à condition que la chambre ou* » *cabinet de sa bibliothèque sera ouverte au public* » *une fois la semaine, pendant deux heures, etc.* »

§ XIV. — BIBLIOTHÈQUE DE REIMS.

Il existait, à Reims, avant 1791, un grand nombre de bibliothèques. Les plus remarquables étaient celle du Chapitre, qui avait commencé en 1401 par les livres d'Hincmar et de Filastre, et qui s'ouvrait les mercredi et vendredi de chaque semaine; celle de l'abbaye de Saint-Remi qui contenait 20,000 volumes; celle de Saint-Nicaise, composée de 16,000 volumes; celle de Saint-Denis, de 8,000, et celle des Minimes de 1,000; beaucoup de chanoines avaient aussi des bibliothèques très-belles. La révolution a détruit tous ces différens dépôts. De leurs débris on a formé une bibliothèque publique, qui fut d'abord placée à la bibliothèque de l'abbaye Saint-Remi dont la forme est noble et imposante. La salle a six croisées de chaque côté; vingt-quatre colonnes en bois, d'ordre corinthien, placées aux côtés de chaque fenêtre; deux pilastres et deux colonnes à la porte d'entrée, et autant dans le fond à la partie correspondante la décorent : elle a 20 pieds de hauteur et 144 de longueur. C'est un beau monument de menuiserie qui mériterait d'être conservé dans l'hôpital que l'on se proposait d'établir en cet endroit. En 1812, on en a ôté les livres pour les transporter dans une des pièces de l'hôtel-de-ville où ils sont actuellement. La bibliothèque de Saint-Remi est l'ouvrage d'un habile menuisier de Reims, nommé Blondel, mort en 1812.

La bibliothèque publique est composée de 35 mille volumes. Les parties les mieux fournies sont la théologie, l'histoire et les conciles. Il y a assez de littérature ancienne, mais peu de moderne. On y compte à peu près 1,000 manuscrits dont peu sont importans et curieux. La bibliothèque de Saint-Remi possédait, avant la révolution, *un exemplaire manuscrit du concile de Trente* : il a été transféré à Paris.

Le manuscrit sur lequel François Pithou a, dit-on, donné dans le 16e siècle la deuxième édition des fables de Phèdre, était aussi dans cette bibliothèque où il fut brûlé en 1774 dans l'incendie de l'abbaye. On perdit encore dans cet incendie 900 manuscrits précieux. Le manuscrit de Phèdre avait été primitivement à Troyes; en voici la description par Grosley (Ephémérides, tom. 2, page 229.) C'était un in-8°

très-allongé en vélin ; l'écriture paraissait être du 9e siècle ; les vers n'étaient point séparés ; aux fables de Phèdre se trouvait jointe une comédie latine.

On a restitué aux émigrés rentrés et à Mgr l'archevêque de Reims les livres qui leur appartenaient. On doit le catalogue des livres de cette bibliothèque à M. Thaissy, ancien officier et savant bibliographe, mort en 1815, et à M. Engrand, ex-bénédictin, qui en fut le premier bibliothécaire, et que remplaça M. Siret, professeur au collége royal.

Plusieurs particuliers de la ville ont aussi des bibliothèques nombreuses. M. Coquebert de Monbié en possède une très-riche, composée des meilleurs livres d'histoire naturelle, allemands, anglais et français. Il s'est occupé avec succès des insectes, sur lesquels il a publié un volume in-8° avec gravures. On remarquait dans sa bibliothèque un volume très-précieux de poissons rares qu'il avait fait dessiner dans un voyage sur les bords de la mer.

Celle de M. Dessain de Chevrière, magistrat, contient 20,000 volumes ; on remarque en outre celles de MM. Corda, homme de lettres; Havé, littérateur fort instruit, qui renferme 10,000 volumes ; Maillet, médecin, composée d'un fort bon choix de livres sur tous les sujets, etc.

§ XV. — BIBLIOTHÈQUE DE LA ROCHELLE.

La bibliothèque, dont le nombre de volumes s'élève à plus de 20,000, a été, pour ainsi dire, fondée par M. Richard des Herbiers, savant médecin; et ensuite augmentée par M. Lafaille, habile naturaliste; elle s'est depuis considérablement accrue, tant par des dons particuliers que par l'addition de plusieurs dépôts du même genre.

§ XVI. — BIBLIOTHÈQUE DE ROUEN.

La suppression des monastères ayant mis l'administration en possession d'une riche collection de livres, il était indispensable de former un établissement pour les contenir. M. Gourdin fut, dès 1791, chargé par le procureur général syndic de Rouen, d'en faire le catalogue et de les classer méthodiquement: on affecta à cet effet, le bâtiment de l'abbaye de Saint-Ouen, où les livres furent d'abord placés, et ensuite transférés à l'Hôtel-de-Ville, au second étage, dans une galerie parallèle à l'une de celles du Musée. Ce ne fut cependant que le 4 juillet 1809, en présence des autorités civiles et militaires, et d'une nombreuse réunion, qu'eut lieu l'ouverture de la bibliothèque publique et du musée de Rouen. Depuis cette époque, le public est admis dans la bibliothèque tous les jours

(excepté les dimanches et les jeudis), depuis dix heures du matin jusqu'à deux heures de relevée. Jusqu'en 1821, les manuscrits étaient restés amoncelés pêle-mêle, sans que l'on eût trouvé le temps de débrouiller ce chaos : le bibliothécaire actuel s'est occupé de ce travail. Les manuscrits ont été ouverts un à un; ils ont tous été reconnus et numérotés, ensuite il en a été dressé un catalogue par ordre de matière, ce qui rend maintenant les recherches aussi faciles qu'elles étaient pénibles autrefois. On avait toujours pensé, et les précédens annuaires le constatent, que le nombre des manuscrits ne s'élevait pas à plus de 800 : il en a été trouvé 1,100; un grand nombre d'entre eux sont fort rares et très-précieux, soit par leur ancienneté, soit par les vignettes dont ils sont ornés, soit enfin par les renseignemens qu'ils procurent. Nous citerons en première ligne, quoiqu'il ne soit pas, à beaucoup près, le plus ancien, le fameux *Graduel de Daniel d'Aubonne*. Il a 84 centimètres (2 pieds 7 pouces) de hauteur, et 60 centimètres (1 pied 10 pouces) de largeur; son poids est de 36 kilogrammes (72 livres); il est garni de fortes lames de cuivre, et les armes de l'abbaye de Saint-Ouen, également en cuivre, se voient sur les deux côtés de la reliure. Il offre à l'intérieur environ deux cents vignettes grandes et petites, et un nombre considérable de lettres d'or. La tradition veut que l'auteur ait mis trente ans à l'exécuter. Si la correction du dessin laisse quelque chose à désirer, on ne saurait trop admirer la fraîcheur et l'éclat du coloris, la patience étonnante de l'auteur, et le soin tout particulier qui a présidé à cet immense travail.

Les autres manuscrits les plus curieux sont, un *Pentateuque samaritain, version arabe*, in-folio, légué à la bibliothèque N. D., par Richard Simon.

Un Bénédictionnaire in-folio, du 11e siècle, dans lequel on trouve le couronnement des rois anglo-saxons, les prières pour les ducs de Normandie, etc.

Un Missel in-folio, également du 11e siècle, que l'on rapportait d'abord, par erreur, au 8e : on en a offert jusqu'à 15,000 francs; un savant bibliographe ne l'a néanmoins estimé que cent louis. Les vignettes qui ornent ces deux manuscrits sont précieuses, autant par leur antiquité que par les grands secours qu'elles peuvent fournir à l'histoire de l'art.

Une traduction d'Aristote par Nicolas Oresme, renfermant des vignettes du plus grand intérêt. L'auteur des monumens français inédits, M. Willemin, en a reproduit plusieurs dans son ouvrage.

Les fables d'Ovide-le-Grand, in-folio, remplies de vignettes.

Il serait trop long de citer tous les manuscrits intéressans de cette collection; notre but n'étant que de donner un abrégé des bibliothèques les plus connues, nous passerons de suite aux imprimés du 15e siècle. La bibliothèque en possède 240 environ, avec dates, et 88 sans date. Les plus remarquables sont :

S. Hieronymi opus epistolarum. Romæ, 1468,

in-fol., 2 volumes; les exemplaires en sont fort rares.

S. Augustinus, de Civitate Dei; 1470, in-folio, peut-être le plus bel exemplaire qui existe de ce livre.

Manipulus curatorum; 1473, in-folio; c'est un échantillon fort ancien des presses de Cœsaris.

Speculum historiale Vincentii Bellovacensis; 1473, 4 volumes in-folio. Maittaire, lors de la première édition de son ouvrage, n'avait point encore rencontré ce livre; et, lorsqu'il donna la seconde, il n'en avait encore vu que les deux premiers volumes.

Aristhophanis comediœ novem; 1498, in-folio; *grœcè Venetiis apud Aldum;* première et très-rare édition.

Les Missels imprimés à Rouen, par Morin, en 1499, in-folio, édition très-remarquable par le soin et le luxe typographique qui ont présidé à son exécution.

La bibliothèque possède en outre un grand nombre d'excellens ouvrages; des collections de la plus haute valeur; des éditions d'une grande rareté: *les Polyglottes de Ximenès, de Philippe II, de le Jay et de Walton; les Conciles des PP. Labbe et Cassard; l'Histoire du Vieux et du Nouveau Testament, enrichie de plus de* 300 *figures; la Physique sacrée, avec* 750 *planches;* etc., etc.

D'un autre côté, le gouvernement a enrichi cette bibliothèque de plusieurs ouvrages d'un grand prix, tels que l'admirable collection sur l'Égypte, qui va finir très-incessamment; *le Musée royal de Laurent;*

l'Histoire naturelle des pigeons, par madame Knipp; celle des mammifères, par MM. Geoffroy-Saint-Hilaire et Frédéric Cuvier; celle des mollusques, par M. de Férussac, etc., etc.

Une somme annuelle est consacrée à l'achat d'ouvrages nécessaires, ainsi qu'à l'entretien de la bibliothèque, qui contient plus de 40,000 volumes.

---

§ XVII. — BIBLIOTHÈQUE DE SAINT-QUENTIN.

Cette bibliothèque doit son origine à la générosité de Claude Bendier, chanoine de Saint-Quentin, curé de Saint-André, docteur de Sorbonne, qui a donné à la ville sa bibliothèque forte de 3,000 volumes, à la condition qu'elle serait publique. Par suite de plusieurs autres dons, cette collection s'est accrue de quelques milliers de volumes, ce qui en porte la totalité actuelle à 14,000 environ.

On a eu du chanoine fondateur une *Vie de Saint-Quentin*, à l'usage des premières écoles, et un ouvrage de *Critique sur les prérogatives de la ville et de l'Église royale.*

Quoique cette ville ne compte que 16,000 habitans, elle possède quelques bibliothèques particulières dont le nombre s'élève à plus de 25,000 volumes.

§ XVIII. — BIBLIOTHÈQUE DE STRASBOURG.

La bibliothèque de la ville renferme une collection considérable de manuscrits curieux et de livres rares, parmi lesquels il y a beaucoup d'*Incunabula*, c'est-à-dire, de premières éditions faites dans l'origine de l'imprimerie.

Dans le même local, mais dans un emplacement particulier, se trouve la *bibliothèque Schœpflinienne*, léguée à la ville, en 1772, par le célèbre professeur Daniel Schœpflin, avec son cabinet d'antiques et de médailles, dans un but d'utilité publique : en 1783, le magistrat réunit à la bibliothèque Schœpflinienne toute la précieuse collection de Sillermann, relative à l'histoire et aux antiquités de Strasbourg et de l'Alsace.

Parmi les différens portraits dont la bibliothèque est ornée, on remarque celui de Schœpflin et celui de Jean Guttenberg, inventeur de l'imprimerie.

Le premier établissement de la bibliothèque de la ville date de l'an 1531, et est dû, comme tant d'autres institutions utiles, aux soins et au patriotisme de Jean Sturm. Elle ne consistait d'abord qu'en 700 volumes ; mais ce nombre fut bientôt augmenté tant par des achats que par des donations particulières. En 1692, le magistrat y joignit la bibliothèque de Marcus Otto, que ce digne citoyen lui avait léguée dans l'intention de rendre profitables à tous, les trésors qu'elle renfermait. C'est en 1764 qu'elle reçut sa forme actuelle. Les livres y sont rangés dans l'ordre des quatre facultés. La collection des manuscrits a été considérablement augmentée en 1783 par les donations de MM. Wenckler et Garus. En ce moment, elle contient plus de 60,000 volumes.

Après la salle de la bibliothèque se trouve un cabinet de mécaniques.

Une bibliothèque à l'usage des instituteurs primaires des départemens du Haut et du Bas-Rhin a été fondée à Strasbourg par M. Blessing, protestant de cette ville, professeur au séminaire; elle vient d'être tout récemment augmentée par M. Haffner, doyen de la faculté de théologie, et par M. Fritz, directeur du Gymnase; le soin en a été confié à M. Kraffe, dont le zèle pour les progrès de l'instruction élémentaire est bien connu. Tout maître d'école des deux départemens peut emprunter les livres de cette bibliothèque, moyennant la modique rétribution d'un franc par trimestre.

§ XIX. — BIBLIOTHÈQUE DE VERSAILLES.

La bibliothèque publique de Versailles, l'un des établissemens dont cette ville puisse se glorifier avec le plus de raison, soit à cause des richesses littéraires qu'il possède, soit à cause des secours variés en lecture qu'il offre à toutes les classes de citoyens, occupe, depuis l'an 7, le bâtiment dit des affaires étrangères. Primitivement dépendance de l'école centrale et formée en premier lieu dans l'aile *des Enfans, au château*, elle a depuis été accordée à la ville de Versailles.

Le nombre des volumes qui composent cette bibliothèque peut s'élever à 42,000. Les amateurs des éditions rares et précieuses y trouveront celles qui ont rendu à jamais célèbres les presses des Estienne, des Plantin, des Vascosan, des Elzevir, des Barbou, des Baskerville, des Fronlis, des Ybarra, et de plusieurs autres qui jouissent, dans les annales de la bibliographie, d'une réputation aussi étendue que méritée. Elle est ouverte au public tous les jours, depuis dix heures du matin jusqu'à deux heures de relevée, excepté les jeudis et dimanches; les étrangers y sont admis tous les jours.

Après avoir donné quelques détails sur les bibliothèques les plus importantes des principaux départemens de la France, nous avons cru suffisant d'indiquer, dans une table alphabétique, les autres villes qui possèdent une bibliothèque; leur composition n'offrant qu'un bien moindre intérêt.

§ XX. — *Table alphabétique des villes de France qui possèdent une bibliothèque, avec le nombre de volumes qu'elle renferme.*

A.	
Abbeville	14,000
Agen	12,000
Aix	80,000
Ajaccio	14,000
Alais	4,500
Albi	12,000
Alençon	8,500
Amiens	40,000
Angers	27,000
Angoulême	15,000
Arles	8,000
Arras	36,000
Auch	9,000
Autun	3,500
Auxerre	16,000
Auxonne	3,000
Avignon	28,000
Avranches	4,000
B.	
Bar-le-Duc	6,000
Bastia	4,000
Bayeux	5,000
Beaume	22,000
Beaune	22,000
Beauvais	10,000
Beffort	2,000
Belley	6,000
Bergues	2,000
Besançon (une à l'Archevêché)	55,000
Béziers	10,000
Blois	20,000
Bordeaux	110,000
Boulogne	24,000
Bourbon-Vendée	6,000
Bourg	19,000
Bourges	15,000
Bourmont	1,500
Brest	20,000
Brignoles	2,000
Brioude	1,200
Brives	2,000
C.	
Caen	40,000
Cahors	12,000
Cambrai	30,000
Carcassonne	15,000
Carpentras	24,000
Castres	8,000
Châlons (Marne)	20,000
Châlons (Saône)	10,000
Charleville	25,000
Chartres (1,000 man.)	30,000
Châteaudun	6,000

Château-Gontier. . . .	3,000
Châteauroux.	4,000
Châtillon-sur-Seine. .	5,000
Chaumont (H^te M^ne) .	34,500
Clermont-Ferrand . .	30,000
Clermont.	12,000
Colmar.	30,000
Compiègne.	30,000
Confolens.	3,000
Corbeil.	6,000
Coutances.	6,000
D.	
Dieppe.	5,000
Digne.	4,000
Dijon (une à l'Évêché)	41,000
Dôle.	8,000
Douai.	27,000
Draguignan.	8,000
Dunkerque.	18,000
E.	
Épinal	16,000
Evreux.	7,000
F.	
Ferté-Renard (la). . .	3,000
Flèche (la).	22,000
Foix.	6,000
Forcalquier.	3,500
G.	
Gap.	4,500
Gournay.	2,000
Grasse.	5,500
Gray.	6,000
Grenoble.	43,000
Guéret.	1,500
F.	
Hâvre (le).	18,000
Hazebrouck	5,000
L.	
Lamballe.	1,000
Langres.	4,000
Laon.	17,000
Laval.	2,000
Lavaur.	4,000
Libourne.	3,500
Lille	20,000
Limoges	12,000
Lons-le-Saulnier . . .	10,000
Lyon.	117,000
M.	
Mans (le).	44,000
Mantes.	4,000
Marmande.	1,000
Marseille.	50,000
Mayenne.	2,500
Meaux.	1[illegible],000
Melun	10,000
Mende.	7,600
Metz.	36,000
Mezières.	27,600

Méricourt	8,000
Monistrol	3,500
Montauban	12,000
Montbéliard	3,200
Montbrison	14,000
Mont-de-Marsan	13,000
Montélimart	4,500
Montpellier (une *id.* de la ville — 7,000)	39,000
Montreuil	4,500
Moulins	20,000

N.

Nancy	34,000
Nantes	24,000
Nantua	4,000
Nemours	1,500
Neufchâteau	9,000
Neuchâtel	1,000
Nevers	5,000
Niort	24,000
Nismes	15,000
Nogent-le-Rotrou	1,000

O.

Orange	2,500
Orléans	26,000
Ornans	2,500

P.

Pau	15,000
Périgueux	12,600
Perpignan	14,000
Poitiers	22,000
Pont-de-Vaux	3,500
Pontarlier	5,400
Pontivy	3,000
Pontoise	5,600
Privas	2,600
Provins	12,000
Puy (le)	6,000

Q.

Quimper	8,000

R.

Rambervillier	10,000
Raon-l'Etape	7,000
Remiremont	6,000
Rennes	16,600
Reims	34,000
Rhodez	16,000
Roanne	4,000
Rochefort	2,000
Rochefoucauld (la)	1,200
Rochelle (la)	20,000
Rouen	50,000

S.

Sables-d'Olonne (les)	1,000
Saint-Brieux	24,000
Saint-Cyr	3,500
Saint-Denis	5,000
Saint-Dié	9,000
Saint-Étienne	8,000
Saint-Flour	4,500

CHAPITRE HUITIÈME.

TABLEAU COMPARÉ DES PRODUCTIONS BIBLIOGRAPHIQUES DE 1812 AVEC 1825. — LOIS ET ORDONNANCES CONCERNANT LES BIBLIOTHÈQUES.

§ Ier. — *Nombre des ouvrages parus en 1812, avec le nombre des feuilles* (1).

DIVISIONS.	ORDRE SYSTÉMATIQUE.	NOMBRE DES OUVRAGES.	NOMBRE des feuilles TIRÉES.
THÉOLOGIE.	Textes sacrés, traductions, etc.	83	13,815,861
	Liturgies et livres de prières.	303	
	Catéchistes, Mystiques et Ascétiques, etc.	222	
LÉGISLATION.	Française.	179	7,833,205
	Ancienne et étrangère.	16	
	Jurisprudence.	107	
SCIENCES.	Sciences et Mémoires de Sociétés, etc.	45	8,175,114
	Mathématiques	108	
	Physiques.	444	
PHILOSOPHIE.	Morale et Métaphysique	37	1,263,720
	Éducation	124	

(1) Ce tableau et le suivant sont extraits d'un ouvrage qui n'a pas paru, fruit des laborieuses et savantes recherches de l'un des personnages les plus marquans de notre époque, soit comme littérateur, soit comme politique.

DIVISIONS.	ORDRE SYSTÉMATIQUE.	NOMBRE DES OUVRAGES.	NOMBRE dès feuilles TIRÉES.
	Économie politique, Administration, Finances, Commerce, etc.	121	1,340,993
	Art et Législation militaires.	60	662,830
	Beaux-Arts.	115	1,218,496
Belles-Lettres.	Belles-Lettres, Grammaires, Dictionnaires.	294	15,755,904
	Rhétorique et Éloquence.	42	
	Poëmes en prose, Romans et Contes.	171	
	Philologues, Critiques, Mélanges, etc.	331	
	Poétique et Poésie	319	
	Poésie dramatique	264	
Histoire.	Géographie	37	12,934,881
	Voyages	58	
	Chronologie	9	
	Antiquités, mœurs, coutumes, etc.	13	
	Histoire universelle.	22	
	Histoire sacrée ecclésiastique.	25	
	Histoire ancienne, grecque, romaine, etc.	35	
	Histoire moderne des différens peuples.	35	
	Histoire de France.	61	
	Biographie.	106	
	Politique et polémique.	4	
	Brochures diverses, Journaux, Almanachs, etc.	858	9,079,629
	TOTAL GÉNÉRAL	4,648	72,080,633

Nombre des ouvrages parus en 1825, avec le nombre de feuilles tirées, comparé avec 1812.

DIVISIONS.	ORDRE SYSTÉMATIQUE.	NOMBRE DES OUVRAGES.	NOMBRE des feuilles TIRÉES.
THÉOLOGIE	Textes sacrés, traductions et commentaires	68	17,487,057
	Liturgie et livres de prières	119	
	Catéchistes, Mystiques, Ascétiques, etc.	587	
LÉGISLATION	Française	302	15,929,839
	Ancienne et étrangère	41	
	Jurisprudence	271	
SCIENCES	Sciences en général, et Mémoires des sociétés, etc.	73	10,928,277
	Mathématiques	97	
	Physiques	628	
PHILOSOPHIE	Morale et Métaphysique	93	2,804,182
	Éducation	238	
	Économie politique, Administration, Finances, Commerce, etc.	264	2,915,826
	Art, Administration et Législation militaires	132	1,457,913
	Beaux-Arts	266	2,937,301
BELLES-LETTRES.	Introduction aux bell.-lettres, Grammaires, Dictionnaires	165	30,205,158
	Rhétorique et Éloquence	52	
	Poëmes en prose, Romans et Contes	381	
	Philologues, Critiques, Mélanges, Bibliographie	777	
	Poétique et Poésie	867	
	Poésie dramatique	445	

DIVISIONS.	ORDRE SYSTÉMATIQUE.	NOMBRE DES OUVRAGES.	NOMBRE des feuilles TIRÉES.
HISTOIRE.	Géographie	55	39,457,957
	Voyages	119	
	Chronologie	7	
	Antiquités, Mœurs, Coutumes, etc.	39	
	Histoire universelle	18	
	Histoire sacrée et ecclésiastique	91	
	Histoire ancienne, grecque, romaine, et du Bas-Empire	45	
	Histoire moderne des différens peuples	139	
	Histoire de France	387	
	Biographie	281	
	Politique et Polémique	143	
	Brochures diverses, Journaux, Almanachs, etc.	352	3,886,973
	TOTAL GÉNÉRAL	7,542	128,010,483

On peut donc, sans exagération, porter l'accroissement de chaque année, c'est-à-dire (1826 et 1827), à un cinquième.

Il existait dans le royaume, en 1825, 665 établissemens d'imprimerie, en comptant Paris pour 82. On porte à 1550 le nombre de presses en activité dans la même année, savoir : dans Paris, 850, y compris celles de l'imprimerie royale, au nombre d'environ 80; et à peu près 700 dans les départemens.

Ces 1550 presses ont consommé, dans l'année, 930,000 rames de papiers, dont deux cinquièmes en livres, et le reste en impressions pour l'administration, etc.

Cet emploi de 372,000 rames de papier en livres, a produit 186,000,000 de feuilles (1); il faut y ajouter :

1° Les produits de l'imprimerie royale en livres;

2° Les nouveaux ouvrages que l'on a gardés composés, comme on le fait pour la plupart des livres classiques et pour quelques dictionnaires;

3° Quelques éditions clandestines, dont le Bulletin de la Librairie ne peut faire mention;

4° Les Mémoires du Palais non sujets à la déclaration.

On peut donc regarder comme exact que la presse a produit en livres, pendant cette année, treize à quatorze millions de volumes, dont plus de quatre cent mille sont sortis des seules presses de MM. Didot.

(1) La différence qui existe entre le total de feuilles imprimées en 1825 et le nombre de 186,000,000 que nous donnons plus bas, provient de ce que le premier nombre indique la quantité de feuilles mises en vente; le second celle des feuilles qui, bien qu'imprimées, n'ont cependant pas vu le jour.

§ II. — LOIS ET ORDONNANCES CONCERNANT LES BIBLIOTHÈQUES, LEUR CONSERVATION, ETC.

Lettres-patentes du 26 *novembre* 1789.

Portant que les officiers municipaux donneront un état sommaire des bibliothèques.

Idem, *du* 27 *novembre.*

Ordonnant que les Catalogues des bibliothèques et archives des chapitres et des monastères seront déposés aux greffes.

Idem, *du* 15 *décembre.*

Publiant des instructions concernant la conservation des manuscrits, chartes et livres imprimés.

Loi du 1er *juin* 1791. *relativement à la liste civile.*

Le Louvre et les Tuileries réunis seront destinés à l'habitation du Roi, à la réunion de tous les monumens des sciences et des arts, et aux principaux établissemens de l'instruction publique.

Loi du 4 *janvier* 1792.

Continuation des travaux ordonnés pour la confection des Catalogues des livres provenant des maisons religieuses et autres.

Loi du 16 *mai* 1792.

Qui excepte de l'abolition des titres déposés aux Augustins, les pièces qui pourraient intéresser les sciences et les arts.

Loi du 12 *juillet* 1793.

Ordonnant le transport de la bibliothèque des avocats dans celle du comité de législation.

Loi du 24 *octobre*.

Qui défend d'enlever, de détruire, de mutiler, ni d'altérer en aucune manière, sous prétexte de faire disparaître les signes de féodalité ou de royauté dans les bibliothèques publiques et particulières, etc., etc., les livres imprimés ou manuscrits, etc.

Loi du 25 *octobre*.

Comprenant les livres au nombre des objets destinés aux établissemens publics, parmi les captures faites sur mer.

Loi du 2 *décembre*.

Qui ordonne de rassembler dans les dépôts, les parchemins, livres et manuscrits qui seraient donnés librement pour être brûlés.

Loi du 27 *janvier* 1794.

Portant l'établissement d'une bibliothèque publique dans chaque district; le maintien de toutes celles publiques alors existantes, et l'entretien, sur les deniers publics, des bâtimens qui leur sont affectés.

Loi du 15 *février*.

Portant que les bibliothèques rassemblées dans les divers ports, seront formées d'ouvrages relatifs à la théorie, la pratique et l'histoire de la navigation, et des cartes et instrumens relatifs.

Loi du 11 avril.

Qui demande compte du travail relatif à la confection du Catalogue de chaque bibliothèque de district.

Loi du 25 juin, concernant les archives publiques.

Portant que les chartes et manuscrits appartenant à l'histoire, aux sciences et aux arts, seront déposés dans les bibliothèques publiques.

Loi du 3 juillet.

Donnant des instructions sur la manière d'inventorier et de conserver, dans toute la France, tous les objets qui peuvent servir aux arts, aux sciences et à l'enseignement.

Rapport du 31 août.

Peine de deux années de détention, contre les auteurs de dilapidation des bibliothèques, etc.

Loi du 29 octobre.

Qui rend les agens et administrateurs des districts, responsables des destructions et dégradations commises sur les livres, et leur enjoint de rendre compte de l'état des bibliothèques.

Comité d'instruction publique, 13 juillet 1795.

Les préposés aux bibliothèques ne prêteront point à la jeunesse les livres qu'ils croiront capables de compromettre les mœurs.

Loi du 25 octobre.

Établissement d'une bibliothèque publique près de chaque école centrale.

Loi du 4 mai 1796.

Instructions ministérielles sur la formation des bibliothèques des écoles centrales, communales et spéciales.

Loi du 17 septembre.

Suspension des ventes et échanges des livres existant dans les dépôts, etc.

Loi du 12 septembre 1797.

Destination des livres conservés dans les dépôts, etc.

Circulaire du 10 novembre 1798.

Établissement d'un cours de bibliographie près les bibliothèques des écoles centrales.

Idem, *du 20 décembre.*

Compte à rendre par les administrations de département, relativement aux bibliothèques.

Idem, *du 3 février* 1799.

Pour questions sur l'état des bibliothèques et des dépôts littéraires, afin d'y faire participer tous les départemens.

Idem, *du 7 février.*

De tous les ouvrages imprimés aux frais du gouvernement,

200 exemplaires seront distribués aux bibliothèques publiques.

Circulaire du 29 janvier 1806.

Communes où il n'existe point d'école de seconde instruction, et auxquelles il peut être accordé une bibliothèque, etc.

Loi du 13 mars 1804.

Il sera établi aux écoles de droit des bibliothèques publiques.

Loi du 14 mars.

Il sera accordé une bibliothèque pour chaque séminaire métropolitain.

Ordonnance du 4 août 1815.

Qui annule le décret du 1er mai dernier, relatif à la réunion de l'Institut, de l'École des Beaux-Arts et de la Bibliothèque Mazarine, sous une même administration, etc., etc.

FIN.

TABLE DES MATIÈRES.

CHAPITRE PREMIER.

CHAPITRE DEUXIÈME.

CHAPITRE TROISIÈME.

CHAPITRE QUATRIÈME.

CHAPITRE CINQUIÈME.

CHAPITRE SIXIÈME.

CHAPITRE SEPTIÈME.

www.ingramcontent.com/pod-product-compliance
Lightning Source LLC
Chambersburg PA
CBHW070521200326
41519CB00013B/2884